(연구결과 활용을 위한)

# 원예·특용작물 기술정보 (12)

농촌진흥청
국립원예특작과학원

# 목 차

## Ⅰ. 채 소 ········································································· 1
  1. 마늘·양파 ···································································· 3
  2. 딸기 ············································································ 17

## Ⅱ. 과 수 ········································································ 25
  1. 사과 ············································································ 27
  2. 배 ··············································································· 42
  3. 복숭아 ········································································ 48
  4. 포도 ············································································ 51
  5. 감귤 ············································································ 56
  6. 단감 ············································································ 60
  7. 키위 ············································································ 65

## Ⅲ. 화 훼 ········································································ 67
  1. 라넌큘러스 ·································································· 69
  2. 거베라 ········································································ 75

## Ⅳ. 특용작물 ··································································· 83
  1. 인삼 ············································································ 85
  2. 오미자 ········································································ 88
  3. 참당귀 ········································································ 90
  4. 약용작물 ····································································· 101
  5. 버섯 ············································································ 103

## Ⅴ. 주요 원예·특용작물 경영정보 ································· 113
  1. 포도 ············································································ 115
  2. 주요 작물 가격동향 ·················································· 127

《 요 약 》

원예·특용작물 기술정보(제147호)

< 채 소 >
○ 마늘·양파는 파종준비, 육묘관리기술, 보도자료 1건, 영농활용 1건
○ 딸기는 촉성재배 육묘기술, 탄산가스 시용, 적기수확, 보도자료 1건, 영농활용 1건

< 과 수 >
○ 사과는 착색 관리, 영농활용 2건, 보도자료 5건
○ 배는 수확기, 수확방법, 수확 후 관리, 가을거름 주기, 영농활용 2건
○ 복숭아는 가을전정, 가을거름 주기, 저장 양분 축적
○ 포도는 수확시기 판단, 수확 시 참고할 점, 영농활용 2건
○ 감귤은 이달의 생리생태, 마무리 열매솎기, 다공질 필름 피복 과원관리, 영농활용 2건
○ 단감은 토양수분 관리, 성숙과 착색, 조생종 수확, 가을거름 주기, 생리장해
○ 키위는 영농활용 1건

< 화훼·도시농업 >
○ 라넌큘러스는 특성 및 생리·생태, 재배기술, 영농활용 1건
○ 거베라는 생리·생태적 특성 등, 영농활용 1건

< 특용작물 >
○ 인삼은 수확, 해충 방제, 영농활용 1건
○ 오미자는 수확, 수확 후 관리
○ 참당귀는 보도자료 1건
○ 약용작물은 생육관리(강활, 황금, 작약, 당귀, 도라지, 당삼 등)
○ 버섯은 느타리버섯 재배사 및 수확 관리, 영농활용 2건, 연구동향 2건, 보도자료 2건

< 주요 원예·특용작물 경영정보 및 연구 성과 >
○ 포도는 시설포도와 노지포도 수급 전망 및 동향, 수익성 등
○ 주요 작물 가격 동향은 8월 18일 기준임

# I. 채 소

## 1. 마늘·양파

☐ 씨마늘 준비

○ 씨마늘 선택
- 마늘재배에서 가장 중요한 문제는 씨 마늘 선택으로 내 지역에 맞는 품종 선택, 병해충 피해가 없는 건전한 씨마늘, 올바른 모양 및 알맞은 크기의 씨마늘을 선택하여 소독한 후 파종하는 것이 안정 생산을 할 수 있음
- 마늘 수량은 파종한 씨마늘 크기와 거의 비례하므로 한지형 마늘은 4~5g, 난지형 마늘은 5~7g이 적당하며, 너무 크면 벌 마늘이 되기 쉬움
  · 벌 마늘이 발생하면 수량이 감소하고, 심하면 쪽이 분화하여 인편 수가 많아져 상품성 저하 및 씨마늘로 사용할 수 없음
  · 또한 인편 뿌리 부분이 좁은 것, 그리고 한 쪽에 몇 개의 쪽이 붙어있어서 모양이 바르지 못한 것 등은 좋은 씨마늘이 될 수 없음

○ 씨마늘 필요량
- 씨마늘 필요량은 재배 목적, 품종과 재배지 및 파종거리에 따라 다르나, 보통재배일 때 10a당 210~260kg(55~75접) 정도 필요하므로 파종 면적에 맞도록 사전에 준비하여야 함
- 국내 품종 중에서 난지형 품종은 주로 남도, 대서와 난지한지 겸용 품종인 '홍산'이 있는데 각 품종별 인편 수 및 크기가 다르므로 품종 및 크기에 따라 준비하여야 함
- 제주, 전남, 남해 지역에서 많이 재배되고 있는 남도 품종은 쪽수가 7~9개 정도이고, 대서 품종의 경우는 쪽수가 12~14개 정도이나 안쪽의 작은 인편은 씨마늘로 적당하지 않음
- '홍산' 품종은 인편 숫자가 6~9개로 재배 지역에 따라 다소 다르고, 인편이 큰 편이므로 씨마늘 소요량이 많은 편임

<씨마늘 필요량(10a)>

| 구분 | 한지형 | | 난지형 | |
|---|---|---|---|---|
| | 보통재배 | 밀식재배 | 보통재배 | 풋마늘재배 |
| 심는 거리(cm) | 20×10 | 15×10 | 20×10 | 150×10 |
| 씨마늘 필요량(접) (kg) | 70~80 210~220 | 80~90 220~250 | 60~70 210~250 | 80~90 260~320 |

※ 씨마늘 필요량은 마늘 크기에 따라 차이가 있음

○ 씨마늘 소독
 - 마늘에 발생하는 잎마름병, 흑색썩음균핵병, 선충, 응애 등은 씨마늘을 통해서도 감염되므로 건전한 씨마늘 이라 하더라도 반드시 소독하는 것이 좋음
 · 소독은 파종 1일 전 또는 파종 당일 아침에 실시하는 것이 좋으며, 씨마늘을 마늘 자루 등에 담아 종구 소독용 적용 약제에 1시간 담근 뒤 물기를 빼거나 그늘에 말려서 파종
 · 소독할 씨마늘 양이 많거나, 기계 파종할 경우는 1~2일 전에 미리 소독하고, 물기를 말린 다음 파종해야 함

<씨마늘 소독 방법>

□ 마늘 파종
 ○ 파종 시기
  - 파종 시기는 재배품종 및 재배 형태에 따라 다르나 보통재배를 하는 경우 난지형 품종을 재배하는 남부 해안 및 도서지방에서는 8월 하순경부터 10월 중순까지 파종함

- ・파종기가 늦으면 기온이 낮아 뿌리내림이 나빠져 건조 및 추위에 피해를 보기 쉬우며 월동 후 초기 생육이 불량하여 수량 감수의 원인이 됨
- 난지형 마늘의 경우 파종기가 늦어도 마늘 재배가 안 되는 것은 아니나 월동 전 생육이 충분히 확보되지 못하므로 수량성이 떨어지는 문제가 있으므로 적기에 파종하는 것이 중요함
- ・파종기가 아주 늦은 지역에서는 파종 후 월동 전까지 뿌리내림을 좋게 하도록 조기에 부직포를 피복하여 활착시키는 방법도 있음
- ・난지형 마늘의 경우 남부 지방은 겨울철 피복재배를 할 필요가 없으나 최근 월동기 생존율 및 수량 증대를 위하여 부직포 피복을 많이 하는데 늦게 파종 시에도 활용할 수 있음
- 파종기는 각 지방의 기상 조건과 품종에 따라 다르며, 남해 연안 이남 지방에서는 9~10월에 파종하는데, 이들 지방에서 재배되는 마늘은 수확기가 빠르고 휴면도 빨리 끝나므로 발근과 발아가 빠름
- ・그러나 파종기가 빠르면 2차 생장의 원인이 되고, 또 고온 시기이므로 바이러스의 피해가 잦아짐
- ・파종기를 앞당길수록 수량은 많아지는데 난지형은 그 차이가 크고, 한지형은 차이가 크지 않음

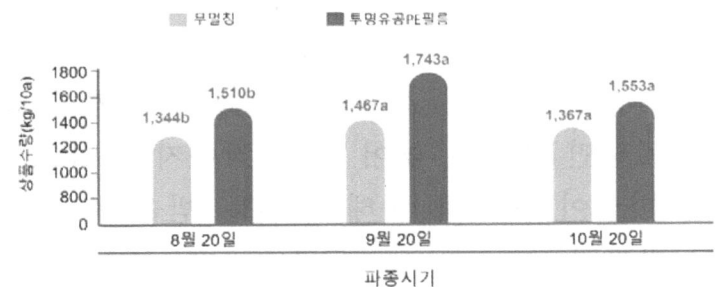

〈제주지역 마늘 파종 시기 및 멀칭 유무에 따른 상품 수량〉

○ 심는 거리
- 심는 거리가 넓으면 구 크기는 커지나 전체 수량이 적어지고 반대로 심는 거리가 좁으면 구의 크기는 작아지나 전체 수량이 많아짐

- 일정한 면적에 심는 거리를 좁혀 밀식하면 전체 수량은 많으나 한 개의 구 크기는 작아짐
- 배게 심을수록 단위 면적당 수량은 증가하나, 마늘 구가 작아져 상품 가치는 떨어짐
- 마늘 심는 거리는 줄 사이 15~20cm, 포기사이 10~15cm가 알맞으며, 120cm 이랑에 골 폭을 30cm로 하면 10a당 40,000개의 마늘쪽, 40cm인 경우는 37,500개의 마늘쪽을 파종할 수 있음

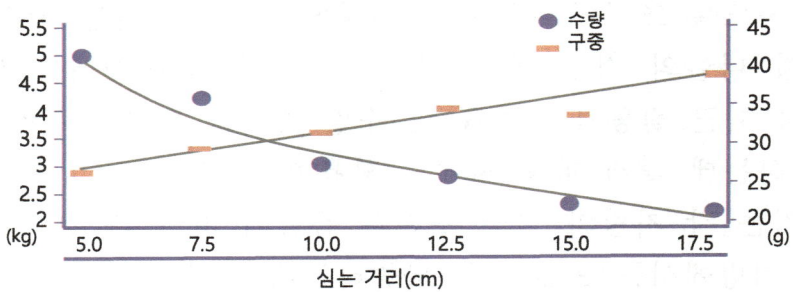

〈재식거리와 구중 및 수량과의 관계〉

○ 파종 방법
- 파종량과 심을 거리가 준비되면 마늘쪽의 뿌리는 밑으로, 발아부는 위로 심는 것이 중요한데, 이때 특히 뿌리가 상하지 않도록 심고 발아부가 옆으로 비스듬하거나 아래로 향하면 발아가 늦어질 뿐 아니라 수확한 구의 모양이 좋지 않음
- 심는 깊이는 마늘 인편(쪽) 길이의 2~3배(5~7cm)가 적당하며 이보다 더 깊이 복토하면 출현이 늦어 통이 작아지기 쉽고, 얕게 심으면 겨울 동안 마늘이 솟구쳐 동해 피해를 받을 수 있으며, 열구와 벌 마늘이 많아짐
· 보통 난지형 마늘은 얕게 심고 한지형 마늘은 깊게 심음
· 그리고 복토한 다음 가볍게 흙을 다져서 토양수분이 오르내릴 수 있도록 해주고 파종 후에는 바로 관수하여 뿌리가 내릴 수 있도록 해야 함

## ☐ 마늘 안정 생산 "파종부터 꼼꼼히 챙기세요"

(보도자료: 2024.9.4 농촌진흥청)

○ 농촌진흥청은 안정적인 마늘 농사는 파종에 달렸다며, 품종 선택 요령과 파종할 때 주의 사항 등을 당부하였음

○ 마늘은 크게 난지형*과 한지형**으로 나뉘는데, 재배 지역과 재배 형태에 따라 품종과 파종 시기를 달리해야 함

   * 난지형: 휴면(잠자는 기간)이 짧아 파종된 해 가을에 싹이 나온 상태로 겨울을 나는데 겨울이 따뜻한 남부지역에 재배, 남도, 대서, 고흥종, 해남종 등이 있음
   ** 한지형: 난지형보다 휴면(잠자는 기간)이 길어 파종 후 이듬해 봄에 싹이 나옴, 내륙과 중부지역에 재배. 의성종, 단양종, 서산종 등이 있음

○ 남부 해안과 제주도 등 섬 지역에서는 난지형 마늘을 9~10월 상순에 심는 것이 일반적임

 - 이 지역에서 일반 재배보다 한 달 빨리 수확하는 조생 재배를 하려면 남도종, 고흥종 등 난지형 조생 품종을 8월 하순~9월 상순에 심음

○ 중북부 지방에서는 한지형 마늘을 10월 상순~10월 하순에 파종하는 것이 안전하며, 파종 시기가 빠르면 마늘쪽이 분화하는 2차 생장(벌마늘)이 발생할 수 있고, 늦으면 뿌리내림이 나빠져 건조 피해 등을 볼 수 있음

○ 씨마늘 크기는 한지형은 4~5g, 난지형은 5~7g이 알맞으며, 병해충 피해가 없고 모양이 바른 것을 준비함

○ 마늘이 너무 크면 벌마늘이 되기 쉽고 너무 작으면 수확량이 줄어 밀도에 따라 필요한 양이 다르지만, 보통 10아르(a)당 약 200kg을 준비함

○ 파종은 줄 사이 거리 15~20cm, 포기사이 거리 10~15cm, 120cm 두둑에 골의 폭을 30~40cm로 만들고, 심는 깊이는 마늘쪽 길이의 2~3배(5~7cm) 정도로 함

○ 씨마늘 쪽 분리는 파종 직전에 하고, 너무 일찍 분리하면 지나치게 건조해지거나 병해충이 전염되기 쉬움

○ 소독은 파종 1일 전 또는 파종하는 날 아침, 소독 적용 약제에 1시간 담근 뒤 물기를 빼거나 그늘에 말려 파종함
○ 기계 파종의 경우, 마늘 크기별로 선별해 심어야 결주율*을 줄일 수 있음
  * 정상적으로 심겨 있지 않은 비율
○ 한편, 시군농업기술센터에 토양 검정을 의뢰해 유기물 함량, 산성도 등 시비 처방에 따라 퇴비, 석회 비료 등을 처방하면 됨
○ 퇴비와 석회는 토양에 잘 스며들도록 마늘 파종 2주 전 뿌려 깊게 갈아주고 밭이 아닌 논에 마늘을 심을 때는 이랑을 다소 높게 하고 배수로를 만들어 습해가 발생 되지 않도록 함
○ 농촌진흥청 국립원예특작과학원은 "안정적인 마늘 생산에 필요한 토양 관리부터 품종, 심는 시기까지 주의할 점을 미리 꼼꼼히 챙겨주길 바란다."라고 전했음

□ 양파 육묘
○ 종자 준비
 - 재배 목적에 따라 양파의 재식 주수가 달라지지만, 일반적으로 본포 10a당 필요한 종자량은 6~8dL(3~4홉) 정도임
 - 2dL의 종자 수가 22,000립 정도이므로 재식 주수를 계산하여 파종량을 결정함
 - 늦은 가을뿌림 가을 아주심기 재배작형, 늦은 가을뿌림 봄 아주심기 재배작형, 봄 뿌림(평지, 고랭지) 재배작형 등 일반적으로 행해지는 가을뿌림 가을 아주심기 재배작형에 비해 기온 등 육묘 환경이 불리하거나 육묘 기간이 짧은 작형인 경우에는 파종량을 본포 10a당 8dL(4홉) 정도로 증가함
 - 일반적으로 파종량은 파종할 종자의 발아율을 확인한 다음 육묘 관리 중 불량묘를 약 20% 도태시키는 것을 고려하여 결정하는데, 대개 전체 파종량의 약 60%를 최종적으로 심을 수 있는 포기 수로 계산하면 됨

- 양파 종자는 수명이 매우 짧으므로 반드시 채종 연도와 발아율을 확인하여 그 해 생산된 종자를 이용하도록 함
  - 채종 연도가 지난 종자를 사용하거나 발아율이 의심스러울 경우 실내에서 간이로 종자의 발아 검사를 하여 파종량을 결정할 수 있음
  - 발아 검사는 종자를 물에 적신 젖은 솜 등에 싼 후 어두운 곳에서 4~7일 동안 두고 싹 트는 종자 수를 조사하면 됨
○ 묘상 선정
- 양파 묘상은 2~3년간 부추속의 작물을 재배하지 않은 보수력과 배수력이 양호하고, 비옥한 토양을 가진 곳을 택하는 것이 좋음
- 또한 물주기가 편리하고 통풍이 잘되며, 햇빛이 잘 들어야 함
- 묘상이 선정되면 본포 10a당 40~50$m^2$(12~15평)의 묘상에 밑거름을 주고 경운하여 이랑을 조성함
- 이랑 넓이는 배수가 좋은 곳은 120cm의 평이랑을, 배수가 나쁜 곳은 90cm로 조성하며, 이랑 높이는 20cm 이상으로 조성해야 함
- 봄뿌림(평지, 고랭지) 재배 시에는 양파가 싹이 트고 생육하는데 요구되는 온도보다 외기 온도가 매우 낮은 시기에 해당 되므로 보온 또는 가온이 가능한 하우스에 묘상을 준비

□ 육묘 기술
○ 종자 파종
- 파종기는 재배 지역, 품종 및 재배 목적에 따라 달라져야 함
  - 지역적으로는 추위가 일찍 오는 내륙지방일수록 조기 정식하여 추위가 오기 전에 충분히 활착시키기 위해 파종도 빨라야 함
  - 품종별로는 조기 수확하는 조생종 품종일수록 파종을 일찍 하고, 재배 목적에 따라 잎 양파로 수확하여 출하하는 것은 추대가 되기 전에 잎이 붙은 상태로 출하하기 때문에 조생종 품종보다 일찍 파종하여 추위가 오기 전에 식물체를 충분히 키워야 함

<양파의 무멀칭 재배 시 지역별 파종기와 정식기>

| 숙기 | 구분 | 경남(동래) | 전남(목포) | 전북(전주) | 중부지방 | 제주(제주) |
|---|---|---|---|---|---|---|
| 조생종 | 파종 | 8월 중순 | 8월 하순 | 8월 중순 | - | 8월 하순 |
| | 정식 | 10월 상중순 | 10월 중순 | 10월 상순 | - | 10월 중순 |
| 중생종 | 파종 | 9월 상순 | 9월 상순 | 8월 하순 | 8월 상중순 | 9월 상중순 |
| | 정식 | 10월 하순 | 10월 하순~11월 상순 | 10월 중순 | 10월 상순 | 11월 상순 |
| 만생종 | 파종 | 9월 상순 | 9월 상중순 | 9월 상순 | 8월 하순 | 9월 중순 |
| | 정식 | 11월 상순 | 11월 상순 | 10월 하순 | 10월 하순 | 11월 중순 |

- 일반적으로 파종기는 재배 지역의 하루 평균 기온이 15℃가 되는 날에서 육묘 기간을 거꾸로 계산하여 정하는데, 비닐 멀칭 재배를 하면 지온의 상승 및 토양 보습 효과로 인해 월동 전에 생육이 촉진되어 무멀칭·조기 파종 시와 생육이 유사함
- 멀칭 재배 시 무멀칭 재배의 파종기에 파종하면 추대, 분구 등 2차 생장주가 많이 발생할 우려가 있으므로 무멀칭 재배 시보다 파종기를 늦춰야 함
· 파종기가 빠를수록 육묘 중 온도 조건이 좋아 정식할 때 묘 생육 및 월동 전·후의 생육이 좋고 활착도 빠르고, 파종이 늦어질수록 정식 시 묘 뿌리의 토양 활착에 어려움이 있고 생육이 저조하며 수확기도 늦어질 수 있음

<멀칭 재배 시 파종기에 따른 월동 전후 생육(45일 육묘)>

| 파종기 | 패총조생 | | | | 천주황 | | | |
|---|---|---|---|---|---|---|---|---|
| | 엽초경(cm) | | 추대율(%) | 분구율(%) | 엽초경(cm) | | 추대율(%) | 분구율(%) |
| | 월동 전 | 월동 후 | | | 월동 전 | 월동 후 | | |
| 8월 26일 | 1.18 | 1.36 | 59.3 | 8.8 | 0.85 | 1.06 | 4.3 | 16.2 |
| 9월 5일 | 0.81 | 1.02 | 15.8 | 4.9 | 0.90 | 0.95 | 2.3 | 5.9 |
| 9월 15일 | 0.48 | 0.64 | 2.0 | 0.3 | 0.40 | 0.54 | 0.0 | 0.6 |
| 9월 25일 | 0.18 | 0.16 | 0.0 | 1.4 | 0.16 | 0.17 | 0.0 | 0.0 |

- 파종기가 너무 빠르면 생육이 지나치게 좋아 추대, 분구 등 2차 생장주가 많이 발생함

- 월동 후 엽초경의 굵기가 1cm 이상으로 자란 것은 추대 및 분구가 현저하게 많이 발생함

<멀칭 재배 시 파종기별 수량(45일 육묘)>

| 파종기 | 패총조생 | | | 천주황 | | |
|---|---|---|---|---|---|---|
| | 평균구중 (g) | 상품수량 (kg/10a) | 총수량 (kg/10a) | 평균구중 (g) | 상품수량 (kg/10a) | 총수량 (kg/10a) |
| 8월 26일 | 303.4 | 3,093 | 9,054 | 288.6 | 7,375 | 9,856 |
| 9월 5일 | 314.7 | 7,954 | 9,807 | 291.3 | 8,862 | 9,816 |
| 9월 15일 | 289.3 | 9,088 | 9,340 | 277.1 | 8,826 | 8,897 |
| 9월 25일 | 179.7 | 3,545 | 3,626 | 194.5 | 4,055 | 4,055 |

- 파종 시기가 같더라도 품종 간의 생육뿐 아니라 추대 및 분구의 발생 정도에 차이가 있으므로 유의해야 함
- 일찍 파종하면 구의 크기가 크고 전체 수량도 많으나, 비상품 수량을 제외한 실제 판매 가능한 상품 수량은 추대 및 분구가 적고 정상적인 활착을 하는 파종기에서 많음
- 추대 및 분구의 위험이 적고 상품 수량을 최대로 올릴 수 있는 멀칭 재배 시 안정적인 파종기는 남부 지방을 기준으로 볼 때 추대가 많이 발생하는 조생종은 8월 하순~9월 상순, 추대에 대해 비교적 안정적인 중만생종은 9월 상순~9월 중순임
- 양파 파종 후 태풍, 강우 등으로 묘상이 소실되어 재파종해야 할 경우 9월 하순까지 파종하여도 재배는 가능하나 수량은 감소함

○ 파종 방법
- 파종할 이랑 표면에 굵은 흙덩이나 돌이 있으면 파종한 종자가 일정한 깊이로 복토되지 않아 개체 간에 발아 시간이 달라지고 생육이 고르지 못하게 됨
- 파종하는 방법은 흩어뿌림, 점뿌림, 줄뿌림 등이 있는데, 흩어뿌림은 파종 작업은 쉬우나 관리하는 데 많은 노력이 소요되고 균일한 묘를 키우기가 어려움

- 점뿌림은 균일하게 묘를 키우기는 좋으나 파종하는 데 노력이 많이 소요되므로 묘 육성을 균일하게 할 수 있으며, 파종 후 관리가 편리한 줄뿌림 방법을 이용하는 게 가장 좋음
- 줄뿌림 방법은 1cm 두께의 판자로 6~9cm 간격으로 0.5cm 정도의 깊이가 되도록 이랑을 눌러주거나 막대기 또는 손가락으로 줄을 그어 파종할 골을 만든 후, 0.5cm 간격으로 종자를 한 알씩 파종하여 부드러운 흙으로 복토하면 됨

<줄뿌림 파종>

<줄뿌림과 흩어뿌림의 묘 생육 비교>

| 파종방법 | 엽장(cm) | 엽수(매) | 줄기굵기(mm) | 뿌리수(개) | 뿌리무게(g) |
|---|---|---|---|---|---|
| 줄뿌림 | 25.7 | 3.15 | 4.35 | 14.3 | 0.26 |
| 흩어뿌림 | 23.9 | 3.15 | 3.65 | 13.6 | 0.24 |

○ 복토 재료 및 방법
- 복토는 0.5cm 정도의 두께로 하고, 너무 두꺼우면 발아하는 데 시간이 오래 걸리고 발아율도 떨어짐
- 반대로 복토가 너무 얕으면 발아하는 데 걸리는 시간은 짧으나 건조해지기 쉬워 발아가 나쁘고 초기에 물과 배토 관리에 큰 노력이 필요함
- 복토 재료로는 흙 이외에 모래나 퇴비 또는 톱밥 등 다양한 재료를 이용할 수 있으나 재료별 특성을 잘 파악하여 관리하지 않으면 육묘에 실패할 수 있음
- 일반적으로 모래를 복토 재료로 이용하면 발아가 균일하고 빠르지만 건조되기 쉬워 발아율이 떨어질 수 있음
- 또한 강한 광에 의해 토양 표면이 쉽게 뜨거워져 어린 묘가 상할 우려가 있으므로 물주는 횟수나 시간을 조절하여 건조하거나 토양 표면 온도가 올라가지 않도록 관리함

- 퇴비의 경우 미숙한 것을 사용하면 발아 중에 장해를 받아 발아율이 떨어지며 고자리파리 발생도 많아지므로 완숙 퇴비를 이용하도록 함
- 톱밥은 물을 보유하는 능력이 뛰어나기 때문에 토양 표면이 마르는 정도만 보고 물 관리를 하면 습해 피해를 보는 경우가 많으므로 유의해야 함
- 또한 수입 원목의 톱밥을 이용하면 염분 장해가 올 수 있으므로 확인 후 이용

○ 묘상관리
- 관수 관리
  - 파종 후 물은 3.3m² 당 40L 정도로 충분히 주고, 차광막을 덮기 전에 물을 주면 종자가 노출되거나 한쪽으로 몰려서 발아되기 쉬워 균일한 묘를 키우는 데 지장을 초래함
  - 물은 수시로 주어야 하는데 특히 발아부터 본 잎이 2장 정도 발생할 때까지는 뿌리의 발달이 빈약하고 온도가 높은 시기라 증산량이 많으므로 물을 주는데, 신경을 써야 함
  - 본 잎이 2장이 될 때까지는 오전과 오후에 걸쳐 하루에 2번씩 물을 주어 지온을 낮추고 건조도 방지
  - 육묘 후기에 생육이 왕성할 때는 한발이 계속되는 경우가 많으므로 토양 수분 상태를 보아 수시로 물을 주도록 함
  - 봄 뿌림(평지, 고랭지) 재배 시에는 육묘 기간의 온도가 낮으므로 하우스 내 기온이 상승한 후 일찍 물을 주어 해가 지기 전에 지온이 충분히 상승할 수 있도록 함
  - 묘상의 가장자리는 중간보다 건조해지기 쉬우므로 관수할 때 유의
  - 발아부터 육묘 초기까지는 야간의 저온에 대비하여 보온 위주로, 육묘 후기에는 주간의 고온 방지를 위해 환기 위주로 관리
  - 묘상의 최저 온도가 6℃ 이상, 주간 온도는 25~30℃가 되도록 관리

- 차광막 걷기
  · 파종 후 5~7일이 지나면 떡잎이 꼬부라진 상태로 솟아오르고, 시간이 지남에 따라 차츰 고개를 들어 잎 끝이 지표면으로 올라와 차광막을 뚫고 꼬부라져 나옴

<차광막 걷기>

  · 차광막을 빨리 걷으면 그 후에 묘상의 토양수분 조절이 어렵고, 반대로 늦어지면 묘가 연약하고 웃자라 위로 올라온 묘가 뽑히는 경우가 많으므로 차광막 걷기는 묘의 꼬부라진 상태가 1cm 전후일 때 실시함
  · 어린 묘가 강한 햇빛을 바로 받지 않도록 가능한 오후 늦게 차광막을 걷어 밤 동안 묘가 어느 정도 경화된 후 다음 날 아침부터 약한 햇빛을 서서히 받도록 하는 것이 좋음
  · 발아할 때는 양파가 토양 표면을 들고 올라오므로 토양에 공간이 생기는데, 차광막을 걷은 후에는 식물체가 건조하지 않게 반드시 물을 주도록 함
  · 양파의 파종기 및 육묘 초기는 우리나라에 태풍이 자주 오는 시기이며 어린 묘가 강한 비바람에 의해 상처를 받아 모잘록병이 발생할 수 있으므로 차광막을 걷은 뒤에는 비가림 시설을 해주는 것이 안전함
○ 기타 육묘 관리
 - 균일하고 튼튼한 묘를 키우기 위해서 1cm 간격으로 솎음을 해주어야 하는데 솎음작업은 본 잎이 2~3장 정도 될 때 실시함
  · 병해충 피해나 상처가 있는 묘, 잎 수가 특히 많거나 적은 묘, 웃자란 묘를 먼저 솎아낸 다음 나머지 묘를 일정한 간격이 유지되도록 솎음
 - 양파가 발아한 후에는 관수나 강우로 인해 뿌리가 노출되어 생장에 지장을 초래하는 경우가 많으므로 노출된 뿌리는 흙으로 덮어줌

- 본 잎이 2~3장일 때 밭 흙과 잘 썩은 퇴비를 같은 분량으로 섞어 3.3㎡당 20L 정도로 2번에 나누어 주는데 이것이 웃거름 효과도 있어 묘의 생육을 촉진함
- 관수나 강우 후에 일정한 시간이 지나면 토양 표면이 굳어 토양 속으로 공기가 들어가지 못하도록 차단될 수 있음
  - 이러면 뿌리가 호흡하는 데 필요한 충분한 산소가 공급되지 않아 생육에 장해를 받음
  - 따라서 수시로 묘상을 긁어 토양 속으로 공기가 원활하게 통하도록 함
  - 이렇게 하면 긁은 흙으로 노출된 뿌리 부분을 덮어줄 수 있어 별도로 배토 작업을 하지 않아도 되고 제초 작업도 겸하게 됨

□ 양파 수량 증대 및 질소비료 절감을 위한 깊이거름주기 기술

(영농활용자료: 2024. 국립농업과학원)

○ 배경
- 농작물의 수량 감소 없는 질소비료 사용량 절감 기술개발의 현장 보급이 필요
- 농경지에 살포하는 질소비료의 약 14%가 암모니아($NH_3$) 기체로 배출되어 질소 양분 손실 유발
- 탄소중립을 위한 질소비료 감축 기술 개발이 요구됨 (NDC 농업 부문)
- 질소비료 사용량 감축 목표: '30년까지 23%, 34kg/ha(149 → 115kg/ha)
- 질소비료 절감: 온실가스인 아산화질소를 저감하는 저탄소 기술
  * 2050 농식품 탄소중립 추진 전략('22, 농림축산식품부)

○ 개발된 영농기술정보
- 깊이거름주기 장치 이용 양파 재배의 기비(NPK 3요소)를 토양 속 25~30cm에 주입

- 깊이거름주기로 표면시비(관행) 보다 양파 생체중이 52% 유의하게 증가하였고, 웃거름 1회 생략으로 질소비료 사용량을 22% 절감하였음

 〈신개발 깊이거름주기장치〉   〈토양 속 25~30cm에 비료 주입〉   〈양파 수량증가, 질소절감〉

○ 파급효과
 - 탄소중립을 위한 질소비료 감축기술로 감축목표 달성에 기여
 - 비료 구입비용 절감, 웃거름 생략으로 비료살포 노동력 절감
 - 생산량 증가로 소득증대, 자발적 실천이 가능한 탄소중립 기술

## 2. 딸기

☐ 촉성재배

○ 촉성재배는 겨울철에 따뜻하여 기후적으로 유리한 일부 남부 지방에서 상당히 오래전부터 이루어져 왔고 촉성재배가 가능한 '설향' 품종이 보급되면서 전국적으로 확대되었던 작형임
○ 촉성재배는 휴면 기간이 짧고 꽃눈분화가 빠른 품종을 이용하여 12월부터 4~5월까지 장기간 수확이 가능하고 겨울철 가격이 높게 형성되어 수익성이 높지만, 다른 작형에 비해서 관리 노력이 많이 소요되는 작형임
○ 초촉성재배와 촉성재배는 반촉성재배에서 중요시되던 휴면 조절 보다는 조기 생산을 위한 육묘 방법과 꽃눈분화 촉진에 재배의 성패가 달려 있음
○ 따라서 각 품종별 특성을 정확히 이해하고 육묘 및 재배 계획을 수립, 겨울철 저온기부터 수확이 시작되므로 적절한 초세를 유지하여 연속 수확이 가능하도록 하우스의 온도 등 환경 관리와 영양 관리도 정밀하게 하여야 함

<딸기 촉성 재배력>

| 1월 | 2월 | 3월 | 4월 | 5월 | 6월 |
|---|---|---|---|---|---|
| 수확→ | | ▲ 육묘시작→ | | | |

| 7월 | 8월 | 9월 | 10월 | 11월 | 12월 |
|---|---|---|---|---|---|
| ▲ ← 탄저병 등 병해충 방제 → | ◆ ▲ 정식 | | ● 보온 | ▲ 수확→ | |

○ 품종 선택
  - 촉성재배용 품종은 휴면기간이 거의 없거나 짧아서 10월부터 보온 해도 왜화되지 않고 순조롭게 생육할 수 있으며, 꽃눈분화 및 분화 후 화방 발육 속도가 빠르고, 저온 단일에서도 착과와 비대가 양호한 품종을 선택함

- 국내에서 재배되고 있는 품종 중 '설향', '매향', '아키히메(장희)' 품종이 촉성재배에 적응력이 높음
- 최근에 개발 보급한 '금실', '킹스베리' 등 품종 재배 면적이 늘어나고 있음

○ 육묘 기술
- 촉성재배에서는 육묘 방법에 따라 정화방의 수확 개시기가 달라지고 수확의 양상도 달라 재배하고자 하는 품종의 특성을 정확히 파악하고 육묘 기간 중 효과적인 꽃눈분화 촉진 기술을 적용하여 재배 계획에 차질이 없도록 준비하여야 함
- 일반적인 육묘 방법인 노지 육묘로는 효과적으로 꽃눈분화 촉진이 어렵고 자연환경의 변화에 따라 기술의 투입이 어려움
- 또한 최근의 촉성재배용 품종들이 대부분 탄저병에 약하므로 인위적인 환경 조절이 가능한 비가림하우스내에서 육묘하는 것을 기본으로 하고, 포트 육묘나 차근 육묘 등 시비나 관수 조절이 쉬운 방법을 택하여 육묘

○ 정식 포장 관리
- 본포 정식
  · 두둑은 단동 하우스의 경우 작업성을 고려하여 110~120cm의 폭으로 진동 배토기 등을 이용하여 높은 이랑을 만들고 2줄 심기를 하는 것이 일반적이며, 재식거리는 줄 간격 25cm, 포기 간격 18cm를 기준으로 하여 정식함
  · 이랑의 높이는 40~50cm의 높은 이랑이 뿌리의 발달 및 배수성이 좋으며 겨울철 지온의 상승 및 유지에도 효과적임
  · 정식 시기는 꽃눈분화 직후가 기본이며, 꽃눈분화가 되기 전의 미분화묘를 심으면 정식 후 질소질 비료 성분의 흡수량이 많아져 오히려 꽃눈분화가 늦어지는 경향을 보임

- 정식 시기는 육묘 방법에 따라 다르며, 포트묘나 차근묘는 9월 상중순경(9월 10~15일 기준)에 실시하고, 노지묘는 9월 하순경(9월 20일경)에 정식하는 것이 일반적이며, 묘의 연령과 질소 수준 등을 고려하여 결정함
- 정식에 알맞는 묘는 건전묘로 잎 4~5매 전개, 잎자루가 짧고, 관부 직경이 1cm 정도, 묘령은 70일 이상 된 것을 사용(늙지 않은 큰 묘가 유리)
- 딸기 정식 시 심는 깊이는 관부가 반쯤 묻힐 정도로 심어야 활착이 잘되고, 후기 생육에 지장이 없으며, 뿌리가 보일 정도로 얕게 심거나 생장점이 땅 밑으로 심기게 되면 활착이 지연되거나 정식 후기에 고사할 수 있음
- 정식 방향도 중요한 부분으로 모주에서 발생한 러너가 이랑 안쪽으로 들어가게 하고, 자묘가 고랑 방향을 향하도록 30~40° 기울게 심고 고설 재배는 베드 좌우측 끝 쪽에 붙여서 심음

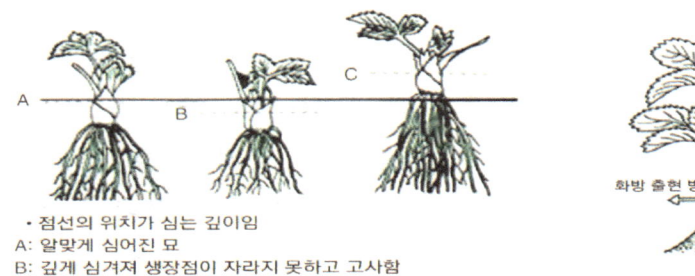

&lt;딸기 정식 깊이 및 정식 방향&gt;

- 촉성재배는 육묘기 꽃눈분화가 중요
  - 꽃눈분화가 완전히 이뤄지지 않은 모를 심으면 옮김 몸살이 끝난 뒤부터 꽃눈분화가 다시 시작되므로 현미경 30~50배율로 생장점 꽃눈 상태를 관찰하고 9월 15일 이후는 하지 않아도 됨
  - 생육이 좋은 4~5포기를 무작위로 선정하여 모든 포기가 확실히 분화(정화방)가 시작된 것을 현미경으로 검경한 다음 정식

- 정화(1번화)가 분화해서 정화방(1화방)의 꽃 수와 종자 수가 결정되는 데 2~3주가 소요되며, 이 기간에는 관수를 세심하게 하여 뿌리 발달을 촉진시킴
- 그 후 하엽을 제거하여 엽수를 4매 내외로 10월 상순까지 유지함으로써 2화방의 화아분화를 촉진하고 관부 주위를 항상 습윤하게 유지하여 후기 수량을 지탱하는 1차 근의 발생을 촉진시킴
- 하우스 피복 및 온도 관리
- 촉성재배에 있어서 생산이 시기적으로 안정 또는 불안정한 것의 중대한 갈림길은 정식 직후부터 보온 개시까지의 관리임
- 이 점은 비닐피복 시기와 그 후의 관리가 반촉성재배와 다르기 때문에 딸기 묘는 꽃눈분화 후 정식하지만 정식 시에는 정화방이 분화했어도 눈에 보이지 않는 미전개엽이 5장 정도 있음
- 따라서 촉성재배에서는 정식 후부터 보온 개시기까지 이미 전개엽 5~6장과 화방을 어떻게 빨리 출현시키는가가 그 후의 초세 유지 및 조기 수확에 있어 매우 중요함
- 또한 10월 중순경에 기온이 떨어지면 딸기가 휴면에 돌입하므로 비닐 피복 및 가온을 하여 휴면에 들어가지 않도록 해주는 것이 중요하고, 바닥 멀칭은 뿌리가 충분히 활착한 이후 출뢰 되기 전 행하기 때문에 촉성재배의 경우 10월 상순을 전후하여 실시함
- 시설 보온은 액화방의 꽃눈분화기를 전후하여 야간 온도가 10℃ 이하로 떨어지는 시기에 시행하는데 중부 지방은 10월 중순, 남부 지방은 10월 하순 경에 실시하는 것이 보통임
- 11월 상중순경 밤 온도가 떨어지면 이중 비닐을 피복하여 야간 온도가 5℃ 이상을 유지하도록 보온함
- 보온 개시 후 초반에는 낮 30℃, 밤 12℃로 온도를 유지하고, 출뢰기 및 개화기에는 낮 25℃, 밤 8℃로 유지함
- 과실 비대기 및 수확기에는 밤 온도를 5~7℃로 저온 관리하여 과실 비대에 신경 써야 함

<딸기 촉성재배 시 생육 단계별 온도관리 기준>

| 생육단계 | 주간(℃) | 야간(℃) | 비고 |
|---|---|---|---|
| 생육촉진기 | 28~30 | 10~13 | 보온 개시 초기는 액화방이 분화하는 시기이므로 낮 30℃ 이상, 밤 13℃ 이상 되지 않도록 유의함 |
| 출뢰기 | 25~26 | 8~10 | |
| 개화기 | 23~25 | 5~8 | |
| 과실 비대기 | 20~23 | 5~7 | |
| 수확기 | 20~23 | 5 | |

· 혹한기에 수막 또는 3중 비닐 피복만으로 위와 같은 온도 유지가 힘들면 난방기를 가동하여 가온하고, 비닐 피복 후 개화기에는 수분용 벌을 넣어주고, 적절히 액화방 및 소화(小花)를 제거함
- 2화방 분화 촉진 관리
· 2화방의 출뢰 지연은 1화방에 비해 2화방의 분화가 상대적으로 늦어져 연속적인 출뢰가 지연되는 것으로, 1화방의 조기 보온이나 고온 관리로 지나치게 발육이 되었을 때 일어나는 현상임
· 2화방의 분화는 1화방과 관계없이 별도의 체내 저 질소, 저온 및 단일 감응이 되어야 화아분화가 촉진됨
· 그러나 2화방의 분화 촉진만을 위해 관리하면 1화방의 발육이 나빠지므로 적절한 관리가 필요함
· 2화방 분화 촉진을 위해서는 정식 후 1회 추비 시기를 10월 상순으로 늦추고, 지나친 고온 관리를 피하며 2화방이 분화하는 10월 상순까지 엽수를 4매로 제한하여 체내 질소 함량을 조절함
- 탄산가스 시비
· 밀폐된 하우스 안은 탄산가스 농도가 낮으므로 탄산가스를 시비하여 광합성 작용을 촉진시켜 줌으로써 생육과 수량 및 품질을 향상시킬 수 있음
· 약 1,500ppm 범위에서는 농도가 증가할수록 직선적으로 비례하여 시비 효과가 증가하는 것으로 알려져 있으나, 경비를 고려할 때 일반적으로 일출 후 30분~1시간 후부터 환기할 때까지 2~3시간 정도 오전 시간대에 주로 시용 해주는 것이 적당함

- 탄산가스 공급 방법은 일반적으로 등유와 LPG 및 프로판 가스를 연소시키는 방법이 많이 사용되나 가스 장해에 유의해야 함
- 액화 탄산가스는 안전하고 사용하기 편리하나 단가가 비싼 단점이 있음

- 기형과 발생 방지
  - 2월 하순부터 4월 상순까지 하우스 내의 고온으로 인한 기형과 발생이 우려되므로 환기에 주의하여야 하나, 실제로는 화분의 저온 상태로 인한 기형과 발생이 많음
  - 기형과 발생 원인은 개화기 농약 살포 및 저온, 질소 과다, 매개 곤충 부족으로 인한 불완전한 수정 등이 있음
  - 매개 곤충의 부족으로 인한 기형과의 발생을 방지하기 위해 꿀벌을 방사하는데, 정화방의 1번화 개화가 시작될 무렵 벌통을 하우스 안으로 들여놓는 경우 10a당 1통(소비 4~5장) 정도면 가능함
  - 꿀벌의 활동 온도는 18~22℃가 알맞으며, 25℃ 이상에서는 공중으로 날고 14℃ 이하에서는 활동하지 않으므로 시설 내부의 온도 관리에 유의해야 함

- 수확
  - 딸기 과실은 경도가 낮으므로 적기에 수확해야 하며, 생육이 무성하면 숙기와 과일 착색이 늦어지므로 화방을 햇빛이 잘 받게 신장시켜야 함
  - 주간 온도는 25℃ 내외, 야간 온도는 5~6℃로 관리
  - 낮 동안에 고온이 되면 과일이 물러질 수 있으므로 환기에 주의
  - 특히 고온기에는 수확, 선별 시 신선도 유지를 위한 예냉 처리를 하는 것이 바람직함
  - 고온기 과다 착색 증상은 없으나 신맛이 증가하므로 충분한 영양 관리와 적절한 환기가 필요함

□ 국산 여름딸기 우수품종, 현장에서 직접 확인

(보도자료: 2025.7.10 농촌진흥청)

○ 농촌진흥청은 지난 7월 16일 강원특별자치도 평창군 국립식량과학원 고령지농업연구소에서 '국산 여름딸기 우수계통 현장 평가회'를 개최하였음

여름딸기 품종 후보계통 '22-2-18'　　국산 여름딸기 우수 품종 '복하'

○ 국내산 딸기는 대부분 9월에 정식한 뒤 11월 말에 첫 수확(촉성작형)해 겨울과 봄철에 집중적으로 출하하고, 여름부터 가을까지는 생산을 중단하지만, 사계성 품종*은 여름철 고온장일(高溫長日, 일조시간이 12시간 이상) 조건에서도 꽃대가 나와 여름철에도 생딸기를 맛볼 수 있음

○ 우리나라에서는 해발 500m 이상 고랭지에서 여름부터 가을까지 생산됨

　* 사계성 품종: 고온기에도 장일 조건일 때 꽃대가 만들어지는 개화 특성을 가진 딸기 품종. 국내 여름의 고온장일 조건에서 개화할 수 있어 주로 여름 작형으로 재배

○ 이번 평가회에서는 여름철 이상고온 환경에서도 안정 생산이 가능한 '복하'와 '미하' 등 국산 여름딸기 사계성 품종 3종과 '대관 7-1호' 등 품종 후보 계통 5종을 소개하고 재배 안정성 및 수익성 등을 종합적으로 평가하였음

○ 한편, 농촌진흥청은 2002년부터 여름과 가을철 단경기에 출하할 수 있는 '무하', '미하', '고슬' 등 여름딸기 품종을 개발, 보급하고 있음

○ 현재 전북특별자치도 무주, 경상남도 합천, 강원특별자치도 평창 등 고랭지 지역에서 여름 딸기를 재배하고 있으며, 국내 재배 면적은 약 40헥타르(ha)로 점차 증가 추세임

○ 농촌진흥청 고령지농업연구소는 "이번 평가회를 통해 국산 여름 딸기의 우수성을 널리 알리고, 재배 농가의 선택 폭을 넓히는 계기가 되길 바란다."라며, "국내 여름딸기 산업의 지속성과 경쟁력 강화를 위해 현장 중심 연구개발을 이어가겠다."라고 전했음

□ 딸기 삽목 육묘 시 런너꽂이 방법에 의한 비용 절감 효과

(영농활용자료: 2024. 충청남도농업기술원)

○ 배경
 - 딸기 삽목 육묘는 유인 육묘에 비해 작업기간을 단축하고 균일한 자묘를 얻을 수 있는 장점이 있음
 - 삽목 육묘는 여러 가지 방법으로 가능하여 딸기 삽목 방법에 따른 뿌리 발근과 묘소질을 비교하여 적정 삽목 방법 선발이 필요함
○ 개발된 영농기술정보
 - 딸기 삽목 육묘 시 런너꽂이 방법 이용
 · 런너를 지지대로 이용하여 비스듬히 눕혀 꽂아서 삽목하는 방법
 · 1차근수: 런너꽂이(12개)>고정핀 삽목(11개)> 런너묻이(10개)
 · 런너꽂이가 고정핀 삽목(관행) 대비 작업시간 40% 단축 가능

 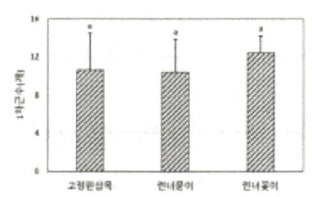 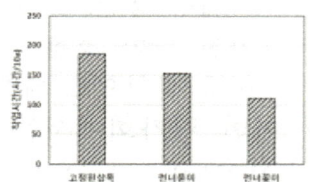

&lt;런너꽂이 방법&gt;    &lt;1차 근수(삽목 2주 후)&gt;    &lt;삽목 방법별 작업시간&gt;

○ 파급효과
 - 딸기 삽목 육묘 시 런너꽂이 방법 이용으로 삽목 초기 안정적인 뿌리 발근 가능
 - 고정핀 삽목(관행) 방법 대비 작업시간 40% 단축으로 노동력 절감 효과

# Ⅱ. 과 수

# 1. 사 과

## ☐ 착색 관리

○ 고품질 사과를 결정하는 품질기준에는 과실 크기, 외관, 착색 정도, 당도 등이 있으며, 이 중 착색 정도는 사과 품질을 결정짓는 중요한 관리 작업 중 하나라고 볼 수 있음
○ 과실 착색은 기상조건, 착과량, 수세 등 다양한 조건의 영향을 받음
○ 사과의 과피색은 적색, 황색, 녹색으로 이루어져 있음
 - 황색과 녹색은 주로 과실의 바탕색을 이루며, 성숙기에 접어들면 녹색은 연해지고 황색이 짙어짐
 - 붉은색 품종의 착색은 바탕색에 따라 영향을 받는데 과피의 색조는 적, 황, 녹색의 균형에 따라 결정됨
 - 바탕색인 녹색을 나타내는 것은 엽록소이지만 적색과 황색은 각각 안토시아닌과 플라본이라고 부르는 플라보노이드 색소로 이루어져 있음
 - 사과에서 붉은색은 안토시아닌에 의해 결정되는데, 안토시아닌은 배당체 즉, 당 화합물이 탈수 축합하여 생긴 물질로 기본적인 원료는 포도당이며, 이것이 적절히 발현되는 조건은 380nm 정도의 자외선과 15~20℃의 적절한 온도 및 적절한 시비 조건이 되었을 때임
 - 사과 색깔을 좋게 내려면 질소질 비료의 흡수를 억제하기 위해 수확기 무렵에는 수분을 줄여주고, 웃자란 가지를 제거하여 햇빛 투과가 양호하도록 해 줘야 함
○ 웃자란 가지 제거
 - 수세가 강하여 웃자란 가지가 많이 발생한 나무는 수관 내부까지 햇빛이 투과되지 못하기 때문에, 과실의 착색은 물론 꽃눈 형성도 불량하게 됨
 - 햇빛 투과를 방해하는 불필요한 가지와 웃자란 가지는 유인하거나 제거하고, 과실이 늘어져 처진 것은 받침대로 받쳐주거나 끈으로 유인하여 과실이나 잎이 충분한 햇빛을 받도록 해줌

□ "9월 과일, 앞으로 해마다 맛있어집니다"

(보도자료: 2024.09.12. 농촌진흥청)

○ 특정 품종이 점유하던 과일 시장에 변화의 바람이 불고 있음
 - 농촌진흥청은 품종 다양화 전략을 통해 육성한 사과, 배 품종이 기존 품종을 대신해 이른 추석일 경우(9월) 시장에 안착하고 있다며, 포도 등 막 보급을 시작한 품종까지 시장에 나오면 품종 쏠림 현상이 일부 완화될 것으로 내다봤음
○ 우리나라는 외국과 비교해 사과 점유율은 '후지'(도입종)가 62%, 배는 '신고'(도입종)가 85% 정도를 차지하는 등 특정 품종 점유율이 높음
 - 이에 이상기상 피해와 병해충 발생 위험을 분산하고 산업 경쟁력을 확보하는 동시에 소비자 선택 폭을 넓히기 위해서는 품종을 다양화해야 한다는 목소리가 있었음
○ 농촌진흥청은 30년 전과 현재(2024년 9월) 추석 시장 유통 품종을 비교하며 국내 기술로 개발한 과일 품종이 속속 시장에 진입, 인지도를 높여가고 있다고 밝혔음

〈9월 시장에 유통 가능한 국내 육성 과일 품종〉

| 구분 | 8월 하순 | 9월 |
|---|---|---|
| 사과 | 아리원 | 홍로/아리수, 이지플, 감로 |
| 배 | 원황, 설원 | 신화 |
| 포도 | | 홍주씨들리스, 슈팅스타 |

 - 사과: 30년 전 추석 기간, 다 익지 않은 상태에서 인위적으로 색을 낸 도입종 '후지'나 숙기가 지나버린 여름사과 '쓰가루'가 유통됐음

- 그러나 농촌진흥청이 1988년 국내 육성 1호 사과 '홍로'를 개발한 데 이어 2010년 '아리수' 개발로 추석 사과 시장이 변화하는 계기가 됐음
- 특히, 맛 좋고 껍질에 색이 잘 드는 '아리수'는 탄저병에 약한 '홍로'를 대체하며 보급 10년 만에 재배면적이 여의도 면적의 3배 정도인 900헥타르(ha)까지 확대됐음
- '아리수' 뒤에 등장한 품종 가운데는 톡톡 튀는 개성으로 미래 추석 시장을 겨냥하는 사과도 있음
- '이지플'은 열매 달림(착과) 관리가 쉽고, '아리원'은 단맛과 신맛이 조화로우며, '감로'는 아삭한 식감에 특유의 향을 지니고 있음
- '아리원'과 '이지플'은 2020년, '감로'는 2022년부터 묘목 업체에 접나무(접수)를 공급했고 일부 품종은 판매를 시작했음

<1990년대 초 추석 과일 예시>
- 숙기가 맞지 않은 도입종이 대부분

<2024년 추석 과일 예시>
- 숙기가 맞는 우리 품종이 다양하게 개발

- 배: 배도 30년 전 추석에는 도입종인 '장십랑', '신고' 위주로 유통됐음
  - 여전히 '신고' 점유율이 높지만, 8월 중하순부터 시장에 나오는 국내 육성 배 '원황' 면적이 420헥타르(ha) 내외를 유지하고 있고, 우리 배 '신화'는 안성, 천안, 아산 등 수도권 외곽 지역을 중심으로 183헥타르(ha)까지 재배면적이 늘었음

- 특히, '신화'는 '신고'보다 당도가 1.5브릭스 높고 익는 시기가 약 2주 이상 빠르며 병에 잘 견디는 특징이 있음
- 기존에 많이 재배해 온 '신고'가 이른 추석, 생장촉진제 처리 등으로 당도가 떨어져 소비자 불만이 있었던 점으로 비춰보면 '신화'의 '신고' 대체 가능성은 밝음
- 여기에 껍질 색과 모양이 독특한 '설원'도 간식용 품종으로 주목받고 있음
- '설원'은 무게 560g, 당도 14.0브릭스에 저장성이 30일가량으로 우수함
- 보급 초에는 모양이 예쁘지 않아 외면받았지만, 맛과 품질을 인정받으며 온라인을 통해 소량 유통 중임
- 포도: 포도도 30년 전 추석 시장에는 '캠벨얼리', '거봉' 등이 80%를 차지하는 등 유통 품종이 단조로웠지만, 현재는 독특한 향, 식감, 색을 지닌 품종이 개발돼 시장 진입을 앞두고 있음
  - '홍주씨들리스'는 당도 18.3브릭스, 산도 0.62%에 새콤달콤하고 은은한 머스켓향*이 나는 포도로 과육이 아삭하고 저장성이 우수해 유통에 유리함
    * 장미, 프리지어 등 꽃에서 나는 가볍고 상쾌한 향
  - 상주, 김천, 천안 등 포도 주산지를 중심으로 재배면적이 늘고 있음
  - '슈팅스타'는 솜사탕 향에 독특한 포도알 색이 특징인 씨 없는 포도로, 과육이 단단하고, 알 떨어짐(탈립)이 적음

○ 농촌진흥청 국립원예특작과학원은 "과일 품종 다양화는 이상기상 피해와 병해충 발생 위험을 분산하고, 소비자 선택 폭을 넓히는 것은 물론, 수입 과일과의 경쟁에서도 우위를 확보하는 데 필수적이다."라며 "새로운 품종 개발뿐 아니라, 개발한 품종이 안정적으로 재배되도록 주산지 시군농업기술센터와 전문 생산단지 조성, 농가 교육에 힘쓰는 한편, 유통업체와의 협력도 강화해 나가겠다."라고 전했음

# 사과 '홍로'의 과실 크기와 경도의 상관관계 추정 모델

(영농활용: 2024. 국립원예특작과학원)

○ 배경
 - 만개 후 일수를 이용하여 수확기를 판단하고 있으나, 연차별 편차 발생으로 과실 내부 품질을 기준으로 수확시기를 결정해야함
 - 사과 숙기를 진단하는 지표인 경도와 산도는 파괴적으로 조사해야 하는 문제가 있으므로 과일의 크기 또는 색도를 활용하여 경도를 추정하는 모델식을 만들고 현장에서 비파괴적으로 수확시기를 결정하는 데 활용하고자 함

○ 개발된 영농기술정보

| 개정 전 | 개정 후 |
|---|---|
| 제IX장 수확, 선과 및 저장<br>01. 수확적기 판정<br> 나. 수확시기 결정지표<br>  (3) 기타 수확기 판정지표<br>기타 수확기 지표로 할 수 있는 방법으로는 과실크기, 종자색, 밀 증상(蜜症狀), 조직감, 맛 등의 감각, 경도, 산 함량을 이용할 수 있다. 이들 방법 한두 가지로 수확기를 판정하기는 어렵기 때문에 여러 가지 수확 지표를 종합적으로 고려해서 판정해야 한다. | (3) 기타 수확기 판정 지표<br>.....현재 수확 시기를 판별하는 주요 지표인 경도와 산도 측정은 파괴적으로 진행되므로, 과실의 크기나 색도를 활용한 비파괴적 내부 품질 추정 기술이 요구된다. 횡경과 경도 사이에는 높은 상관 관계가 있으며, 횡경을 이용한 경도 추정식(y=-1.0661*W+131.7, R²=0.84)을 통해 경도를 예측할 수 있다. 이를 기반으로 경도의 적숙기 범위(33.3~46.14N, ∅8mm)에 도달하기 위한 횡경의 최소 크기가 80.3mm로 산출되었으며, 이 크기에 도달한 이후에 수확을 해야 한다. 이러한 기술을 활용하면 노지에서 비파괴적으로 과실의 경도를 추정하여 숙기에 도달한 과실을 선별하고, 적기에 수확함으로써 품질을 높이고 저장성을 향상시킬 수 있다.<br>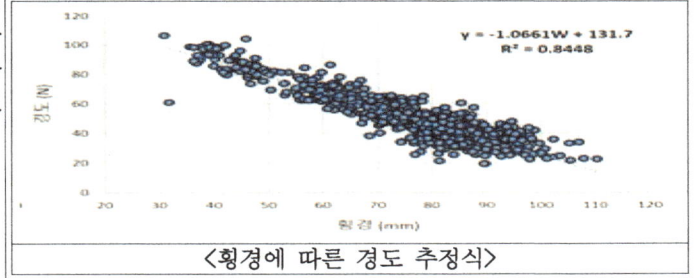<br><횡경에 따른 경도 추정식> |
| 농업기술길잡이 책자명 : 사과 재배, 개정이 필요한 쪽 : p.314 ||

○ 파급효과
 - 사과 적기 수확으로 상품성 향상 및 농가 소득 증대

□ 시나노골드 사과의 품질향상을 위한 공압식 적엽기 사용 효과

(영농활용: 2024. 국립원예특작과학원)

○ 배경
 - 최근 농촌 인구의 감소와 고령화로 노동력 부족이 심화하고 있음
 - 사과 선진국은 노란색 품종도 적엽을 통해 과실품질 향상을 도모하고 있고, 적엽방법은 기계적엽기를 이용하고 있음
 - 국내에서도 노란색 품종의 보급이 확대되고 있어 적엽이 과실품질에 미치는 영향 구명이 필요함
 ・최근 국내에 기계적엽기가 도입되어 기계적엽기 활용이 과실품질에 미치는 영향 구명이 시급함
○ 개발된 영농정보 내용
 - 기계적엽 방법
 ・기계적엽기: 트랙터 부착형 토출압식 기계적엽기(REDpulse Duo)
 ・처리 시기: 시나노골드 수확 예정 3주 전
 ・트랙터속도, 토출압: 1km/h, 0.9bar
 - 기계적엽 효과
 ・과실의 착색(노란색) 향상

적엽 전

적엽 후

○ 파급효과
 - 농촌의 인구 감소와 고령화로 인한 노동력 부족 문제 해결
 - 작업의 기계화로 노동력 절감 및 과실품질 향상

## 카메라로 '찰칵' 잘 익은 사과 찾기 '순식간'

(보도자료: 2024.09.05. 농촌진흥청)

○ 농촌진흥청은 디지털카메라로 다양한 품종의 사과 과실 모양이나 빛깔을 촬영해 현장에서 신속, 정밀하게 선별할 수 있는 사과 과실 정밀 분석 방법을 개발했음
○ 그동안 개발되어 온 정량화된 이미지 기반 표현체* 기술은 실험 기관마다 각기 다른 촬영 조건을 제시해 실제 현장에 적용하기에는 어려움이 있었음
  * 표현체: 영상 및 각종 센서로 표현형질을 고속 대량으로 분석해 정보화하는 연구 분야
○ 연구진은 이를 체계화해 준비된 촬영 환경에서 디지털카메라나 휴대전화 카메라로 사과를 촬영해 사과의 형태와 색상정보를 분석할 수 있게 했음
 - 이와 동시에 연결된 이미지 분석 프로그램으로 과실의 이미지에서 품질 분석 과정을 자동화하고 분류에 필요한 정보를 추출할 수 있도록 했음
○ 과실 촬영 환경(조명, 배경 등)을 비교한 후 이미지를 얻는 최적의 조건과 표준 분석법도 제시했음
 - 배경을 파란색으로 설정해야 이미지 추출이 쉬웠음
 - 조명은 조도(lux, 럭스) 기준 3,000럭스 정도를 유지했을 때 정확한 과실의 명도와 채도를 얻을 수 있음
 - 과실의 가로(횡경)와 세로(종경)는 각각 상단과 측면 촬영으로 측정함
 - 기존 한 가지 지표*로 실측값을 계산한 것보다 정확도를 개선할 수 있었음
  * 분석 프로그램에서 추출되는 형태 관련 지표
○ 이렇게 얻은 조건을 '홍로' 등 4품종에 적용해 이미지를 추출했으며, 이를 실측값과 비교 분석했음
 - 그 결과, 정확도는 96% 이상이었음
 - 지푯값으로 통계분석 기준을 설정하면 모양이나 색상에 따른 못난이 사과를 빠르게 구분할 수 있음

- ○ 농촌진흥청은 이 기술의 호환성이 뛰어나 사과뿐만 아니라 배, 딸기 등 과실류에도 적용할 수 있다고 덧붙였음
 - 현재 사용 중인 선별기는 과실 중량으로만 선별할 수 있으나, 이 기술을 적용하면 다양한 이미지 지표를 활용해 소비자가 선호하는 과실을 선택적으로 선별할 수 있을 것으로 기대됨
- ○ 농촌진흥청은 앞으로 데이터베이스를 구축해 농업 현장의 고품질 과실 선별에 표현체 정보를 이용할 예정임
 - 인공지능 기술과 접목해 다른 과실에도 활용하는 등 현장에서 실시간 분석할 수 있는 기술을 개발해 현장 활용도를 높일 계획임
- ○ 이번 연구 결과는 한국육종학회지에 논문으로 게재됐음
 - 국내 디지털육종 기술 보급에 인정받아 우수논문상*을 수상했음
  * 디지털육종을 위한 RGB 이미지 기반 사과 과실 형태 측정 최적화 연구
- ○ 국립농업과학원과 국립원예특작과학원은 지속 가능한 국내 농업 디지털 생태계 조성을 위한 '디지털농업 촉진 기본계획'에 따라 사과 재배 농가에 필요한 디지털 기술을 개발하고자 이번 연구를 추진했음
- ○ 농촌진흥청 국립농업과학원은 "이번 연구는 작물 표현체 기술을 농업 현장에 접목한 디지털 육종 기술 개발 사례다."라며, "앞으로 디지털 육종 기술 개발 속도를 높이고 이를 활용해 농업 현장의 어려움을 해결할 수 있도록 힘쓰겠다."라고 말했음

## 사과 선별 디지털 기술 개발

- ○ 필요성
 - 사과는 국내 6대 과일(사과·배·감귤·복숭아·포도·단감) 중 생산액 기준 1조 3,426억으로 가장 큰 비중을 차지하는 대표 과일로서, 재배면적 역시 33.8천ha로 가장 많이 재배되고 있음(한국농촌경제연구원, 2024)

- 사과 재배면적에서 품종별 비중은 후지(66.1%), 홍로(13.9%)로 현재까지는 주로 재배되고 있으나 타 품종 대비 가격이 낮고 노동력이 많이 소요되어 면적 비중은 지속적으로 감소하고 대체 품종의 면적은 계속해서 증가 추세임
- 대체 품종에는 다양한 착색계열과 형태가 다른 품종들이 선호되고 있으며, 품종의 다양화에 맞춰 형태와 색상을 신속하게 분석할 수 있는 기술이 필요함

○ 연구 방법
- 이미지 촬영 최적 조건 확립은 대표 품종인 후지를 이용하여 확인하였고, 최적화된 촬영 조건을 가지고 국내 재배품종인 '후지', '홍안', '홍로', '황옥' 4품종을 대상으로 형태 및 실측값 비교분석을 수행함
- 촬영 환경조건 확인은 보정용 도구의 위치, 조명의 종류, 배경색 등을 변화시켜 검증함
- 이미지 데이터 추출 및 분석은 기존 종자 표현형 자동 추출 방법을 토대로 과실 분석에 맞게 변형하여 활용

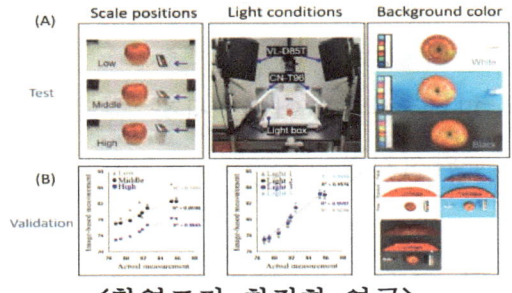

<촬영조건 최적화 연구>

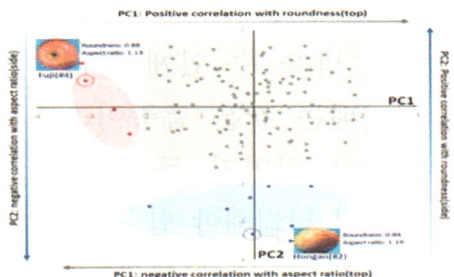

<품종별 과실 형태 통계분석>

○ 연구 결과
- 보정용 도구의 위치는 측면과 상단 촬영 시 조정이 필요하며, 조명에 따른 광도를 비교했을 때 적정 조합을 확인함. 배경색은 비교 검증한 흰색, 파란색, 검정색 중 파란색을 배경지로 선택하는 것이 이미지 추출에 적합함

- 최적 조건으로 사과 4품종 정확도 검증에서는 실측값 대비 96% 이상 정확도를 확인함
- 사과 과실을 대상으로 수행한 본 연구 결과는 호환성이 뛰어나 과실류에 적용할 수 있는 것으로 판단되며, 과실 선별에 필요한 노동력과 시간을 절약할 수 있을 것으로 기대됨

□ 수확 앞둔 과수원, 막바지 관리 철저히

(보도자료: 2023.9.18. 농촌진흥청)

○ 농촌진흥청은 가을철 과일 품질을 높이고, 안정적으로 생산하기 위해서는 과수원 관리를 더 철저히 해야 한다고 당부했음
○ 가을은 열매가 커지고 껍질에 색이 드는 등 과일 품질을 높이는 데 매우 중요한 시기이다. 따라서 주요 과일별로 핵심기술을 잘 알고 실천해야 함
△ 사과= 색이 잘 들도록 색이 든(착색) 정도를 살펴 잎을 2~3회 나눠 따주며 한 번에 많이 따면 품질이 떨어질 수 있으므로 잎은 전체의 30% 이상 따지 않도록 주의함
- 잎 따기 할 때 색이 덜 든 열매는 이리저리 방향을 돌려 햇빛을 고루 받을 수 있게 함
△ 배= 배는 같은 품종이라도 직접 판매하는 것인지, 시장 출하용인지, 저장할 것인지 등 용도에 따라 수확시기를 조금씩 달리해야 함
- 크기가 큰 열매(대과) 생산 비율을 높이기 위해서 바깥쪽 열매부터 한 나무당 3~5일 간격으로 2~3회 나눠 수확함

<배 수확>

△ 감귤= 열매가 커지고 당도가 오를 수 있도록 9월 중순부터 수확기까지 모양이 틀어지거나(기형과), 작은 열매(극소과)를 솎아줌

- 열매 터짐(열과)을 예방하려면 토양 수분 함량이 급격히 변하지 않도록 관리함

△ 단감= 품종 고유의 색이 잘 들고 충분히 익은(완숙) 것부터 3~4회 나눠 수확함
- 열매가 커지면서 영양분 소모로 쇠약해진 나무는 자람새를 회복하고 양분이 충분히 저장되도록 가을거름('부유' 품종 기준: 질소 0~6kg/10a, 칼리 3~4.2kg/10a)을 줌

○ 가을철에도 여름 못지않게 태풍과 비 피해가 발생할 수 있으므로, 이에 대비해 나무가 물에 잠기지 않도록 미리 주변 물길을 정비함
○ 열매가 떨어지지 않도록 흔들리는 가지는 고정하고, 늘어진 가지에는 받침대를 세워줌
- 강한 바람이 우려되는 지역에서는 피해 예방을 위해 방풍망을 설치함
○ 태풍과 비가 지나간 뒤, 쓰러진 나무는 즉시 세워 버팀목(지주)을 받쳐주고 잎과 가지 등 상처를 통해 병이 감염되지 않도록 살균제를 뿌려 줌
- 세력이 약해진 나무는 요소나 제4종 복합비료를 뿌려 세력 회복을 도와줌
○ 농촌진흥청 국립원예특작과학원은 "가을철 과수원 관리는 올해뿐 아니라 내년 농사에도 영향을 주므로 세심하게 신경 써야 한다."라며 "관련 교육자료를 배포해 농업인들이 현장에서 핵심기술을 실천할 수 있도록 지원을 아끼지 않겠다."라고 전했음

☐ 국립원예특작과학원-포항시, 사과 '이지플' 생산단지 조성 맞손

(보도자료: 2025.5.08. 농촌진흥청)

○ 농촌진흥청 국립원예특작과학원은 경북 포항시와 2025년 5월 8일, 포항시청 중회의실에서 신품종 사과 '이지플'의 지역 특화 품종 전문생산단지 조성을 위한 업무협약(MOU)을 맺었음

○ 이번 협약은 스마트과수원특화단지 조성 사업*을 추진하는 포항시에 국립원예특작과학원이 개발한 사과 '이지플'을 보급하고, 스마트농업 기술을 접목한 국내 최대 면적의 평면형 과수원 단지를 육성하고자 마련했음

 * 스마트과수원특화단지 조성 사업: 내재해·조중생 품종을 선정해 구조가 단순한 평면 형태(2축형, 다축형, 밀식재배 등)로 과수원을 조성, 기계화를 촉진하는 한편, 재해예방시설을 확충함으로써 기후변화에 대응한 안정적 생산 기반을 확보할 수 있도록 하는 농림축산식품부 지원 사업

○ 농촌진흥청에서 육성한 '이지플'은 추석 사과의 대명사인 '홍로'와 명품 사과로 불리는 '감홍'을 교배해 만든 품종으로, 이름처럼 재배가 손쉽고 단맛과 신맛이 조화로움(2023년 품종등록)

 - 나무(수체) 관리 측면에서도 꽃눈 형성이 잘 되고, 껍질 색이 잘 들며, 수확기 열매 떨어짐(낙과)이 거의 발생하지 않는 등 재해에 강한 장점이 있음

○ 농림축산식품부 주관으로 스마트과수원특화단지가 조성되는 포항시에는 2025년 5헥타르(ha)를 시작으로 2030년까지 최대 35헥타르(ha) 규모의 '이지플' 스마트 과수원이 조성됨

 - 재해 예방시설, 기계 가지치기 트랙터 등 첨단화 시설과 장비가 투입될 예정임

○ 앞으로 국립원예특작과학원은 '이지플' 안정 생산에 필요한 재배 지침과 전반적인 기술을 지원함

 - 스마트과수원특화단지 조성을 전담하는 포항시는 '이지플' 생산·유통·판매 촉진 전략 구축에 힘을 보탤 계획임

○ 농촌진흥청 국립원예특작과학원은 "이번 협약으로 내재해형 특성을 가진 '이지플' 보급을 더욱 확대하고, 스마트농업 기술을 접목한 사과 재배 활성화에도 힘을 쏟겠다."라며 "최신 기술과 우수한 품종이 동반 상승효과를 낼 수 있도록 사업 추진에 지원을 아끼지 않겠다."라고 말했음

## 수량성 높은 추석용 사과 '이지플' 특성

- 육성 배경
 · 육성 목표: 수량성 높은 자가적과성(열매솎기 노력 절감)[1] 품종 육성
- 과실 특성
 * 과일 형태는 '홍로', 껍질 색은 '감홍'과 비슷함〈과육 경도: 75N(8mm Ø)〉

| 품종 이름 | 수확 시기 | 열매 모양 | 껍질색 | 열매 무게(g) | 당도 (°Brix) | 산도 (%) | 상온 저장력 |
|---|---|---|---|---|---|---|---|
| 이지플 | 9월 상·중순 | 원추 | 홍색 | 338 | 16.7 | 0.41 | 중 |
| 홍로(대조) | 9월 상순 | 원추 | 홍색 | 291 | 15.6 | 0.22 | 중 |
| 감홍(대조) | 10월 상순 | 장원 | 암홍 | 373 | 16.8 | 0.41 | 중 |

○ 재배적 특성
 - 자과적과성, 수량이 많고, 해거리가 없어 재배가 쉬움
 - 꽃눈 분화에 좋은 짧은 가지, 꽃눈이 잘 생기고 많이 핌
 - 착색이 붉게 잘 돼서 착색 관리 노력 절감 가능
 - 유과기(어린 시기) 저온 피해 시 동녹(표면 얼룩) 발생 우려
 - '홍로'에 비해 탄저병에 다소 강함
 - 상온 유통기간 15일

---

[1] 자가적과성: 사과는 한 과총에 5개의 꽃이 피는데 그중 한 가운데의 중심화가 먼저 개화하여 과일로 발달하면 주변의 측과 4개는 스스로 낙과되는 현상

## ▢ 과수화상병 '빠른 진단·제때 방제' 체계 강화한다

(보도자료: 2025.4.7. 농촌진흥청)

○ 농촌진흥청은 과수화상병을 진단할 수 있는 정밀 검사기관 추가 지정에 따라 정밀진단 지침서를 발간·배포하고, 검사 인력 전문 교육을 진행하는 등 진단법 표준화 작업에 나섬

○ 지금까지는 농촌진흥청 국립농업과학원 한곳에서만 과수화상병 정밀진단이 허용돼 전국 시군농업기술센터가 채취한 화상병 의심 시료를 국립농업과학원으로 직접 운반해 왔음

 - 이 과정에서 거리가 먼 지역은 검사가 늦어져 방제 대응에 속도를 내기 어려웠음

○ 이를 해결하기 위해 정부는 정밀 검사기관을 추가로 지정하고 검사를 대행할 수 있도록 식물방역법을 개정(2024년 7월 시행), 2025년부터 정밀 검사기관을 확대 운영하기로 했음

○ 정밀 검사기관은 농림축산식품부령으로 정하는 시설, 장비, 인력, 검사능력을 갖춰야 하며, 서류 심사와 현장 실사를 거쳐 지정함

 - 농촌진흥청은 식물방역법에 근거해 2025년 4월 2일 최종 7개 도 농업기술원[*]을 과수화상병 정밀 검사기관으로 지정[**]했음

   [*]경기, 강원, 충북, 충남, 전북, 경북, 경남
   [**]관련 법령: 식물방역법 제30조의3(병해충 정밀검사기관의 지정 등), 농촌진흥청 고시 제2024-45호(식물병해충 정밀검사기관의 지정 및 운영 요령)

○ 국립농업과학원은 신규 지정된 전국의 정밀 검사기관이 일관된 기준으로 신속 정확하게 검사할 수 있도록 **표준화한 진단법을** 정리한 진단 지침서를 발간·배포함

 - 지침서에는 시료 채취, 육안진단, 간이 진단, 실시간 유전자 증폭 기술을 활용한 정밀진단, 양성 판정 기준 등을 담았음

○ 이와 함께 검사 인력을 대상으로 화상병 진단에 필요한 과학적 원리와 핵심 이론을 교육하고, 의심 시료 전처리부터 최종 진단까지 단계별 과정 실습 교육도 병행함

○ 농촌진흥청은 정밀 검사기관 확대와 진단 지침서 도입, 검사 인력 교육 등으로 신속한 과수화상병 공적 방제가 가능해지고, 신규 정밀 검사기관의 전문성과 진단 신뢰도가 높아질 것으로 기대함
○ 농촌진흥청 국립농업과학원은 "정밀 검사기관이 전국적으로 확대되면 과수화상병 진단과 방제가 더 전문적이고 효율적으로 이뤄질 것이다."라며 "앞으로도 과수화상병 예방과 확산 방지를 위해 지속해서 지원을 확대해 나가겠다."라고 말했음
○ 과수화상병은 사과, 배 등 주요 과수에 발생하는 식물병으로, 국내에서는 2015년 처음 발생했음
- 한 번 감염되면 확산 속도가 빠르고 치료가 어려워 과수 산업에 큰 피해를 줌
- 식물방역법상 발견 즉시 해당 과수를 제거하는 공적 방제를 하고 있음

## 과수화상병 진단 지침서 발간

1. 주요 내용
 - 화상병/가지검은마름병의 특성과 발생 동향
 - 화상병/가지검은마름병 진단 관련 표준화된 육안진단, 간이진단, 정밀진단 세부 매뉴얼
  · (육안·간이 진단) 화상병 감염 시료 특성, 현장 간이진단법(항혈청 반응법)
  · (정밀진단) 실시간 유전자분석법을 이용한 화상병/가지검은마름병 정밀진단 방법, 토양 화상병균 검출방법, 결과 판정 방법
  · 시료 채취, 보관 및 운송 방법
2. 발간 배포
 - 화상병/가지검은마름병 진단 표준화 매뉴얼 책자발간/배포
   (2025년 4월)

## 2. 배

□ 수확기

○ 유통 형태 즉 직접 판매, 시장 출하, 저장용 등 용도에 따라 같은 품종이라도 수확시기를 조금씩 달리해야 함
  - 수확 후 직접 판매할 때는 완숙과가 좋으며, 수확하여 저장하지 않고 시장에 판매하려면 유통 거리와 기간을 고려하여 완숙과보다 약간 일찍 수확하여 출하함
  - 저장용은 장기저장용과 단기저장용으로 구분되는데, 적숙기보다 일찍 수확하면 저장에는 좋으나 맛이 덜하고 과실 크기가 작으며, 느리게 수확하면 맛은 좋으나 저장성이 떨어지는 단점이 있음
  - 수확 적기는 품종, 과피색, 당도 과실 크기, 만개 후 생육 일수 및 적산온도 등에 따라 결정됨
  - 농가 현장에서는 품종별 평년 숙기, 과피색, 만개 후 일수 등을 종합하여 판단할 경우가 많음
  - 조생종은 수확기가 고온기이고, 보구력이 7~15일 정도로 짧으므로 수확시기와 유통에 유의해야 함
  - 배 과피색은 일반적으로 봉지 광 투과량이 많을수록 과피에 녹색이 많이 남으며, 투과량이 적으면 엽록소가 빨리 소실되어 녹색이 적어짐
  - '신고' 품종의 장기저장용은 만개 후 성숙까지의 일수가 160일, 적산온도 $3,480 \pm 50℃$ 이지만, 과실 품질은 그 해 기상 여건에 따라 다르므로 지역, 토성, 시비량 등 과원 상태를 고려하여 수확적기를 판단해야 함
  - 국내에서 육성된 배 신품종 중 '원황', '화산', '만풍배' 등은 과육이 먼저 익는 과육선숙형임

- '신고', '추황', '장십랑' 등 기존 품종들은 과육 성숙이 진행됨과 동시에 과피의 녹색도 같이 없어짐
- 새로 육성된 품종 중에는 과육이 성숙되어도 과피에는 여전히 녹색이 남아있게 되니 품종 특성에 따라 적기 수확이 필요함
- 과육선숙형 품종들의 수확시기는 과피색 변화보다는 과실 내부 품질 변화를 통하여 결정해야 함

<배 품종별 수확기 및 저장성>

| 품종명 | 수확적기 | 저장성 | 품종명 | 수확적기 | 저장성 |
|---|---|---|---|---|---|
| 한아름 | 8중 | 약 | 만풍배 | 9중·하 | 중 |
| 원 황 | 8중·하 | 약 | 신 고 | 9하~10상 | 강 |
| 황금배 | 9중 | 중 | 추황배 | 10상·중 | 강 |
| 화 산 | 9중·하 | 중 | | | |

□ 수확 방법
○ 과실 성숙은 같은 품종 및 동일한 과수원이라도 과원의 방향이나 경사지 상부 또는 하부에서도 다소 차이가 나기도 함
- 그리고 한 나무에서도 수관 외부에 달린 과실이 당도가 높고 착색이 양호하여 숙기가 빠른 반면, 수관내부에 달린 과실은 이와 반대 경향임
- 수확할 때는 이와 같은 점을 고려하여 수관 외부의 큰 과실부터 수확을 시작하여 3~5일 간격으로 2~3회 나누어 수확하면 과실 품질이 향상됨

<분산수확에 의한 과실 품질 향상 효과>

| 구 분 | 과 중(g) | 당 도(°Bx) | 대과생산 비율(%) |
|---|---|---|---|
| 3회 분산수확 | 639 | 11.7 | 40.7 |
| 1회 일시수확 | 611 | 11.4 | 36.7 |

- 한편 외기온도가 높을 때 수확하면 과실의 호흡량이 많아지므로 당분이 호흡기질로 소모가 많아 착색이 나빠지며, 저장력도 떨어짐

- 특히 '한아름', '원황' 등 조생종 수확시기는 온도가 높을 때이므로 아침 이슬이 마른 후부터 수확을 시작하여 오전 11시 정도까지 또는 온도가 낮은 오후 늦게 수확하는 것이 좋음
- 비가 온 직후의 수확은 되도록 피하고 2~3일 뒤에 수확하는 것이 좋으며, 부득이 수확된 과실은 봉지에 물기가 잘 마를 수 있도록 통풍이 잘되는 곳에서 넓게 펼쳐두고 건조
- 배 과실은 수확 과정이나 선과 과정에서 압상과 자상 등 물리적인 충격이나 상처가 발생하면 유통 및 저장 기간의 부패 원인이 되기 때문에 과실에 상처가 생기지 않도록 주의해야 함

☐ 수확 후 관리

○ 예건
- 수확 후 통풍이 양호하고 그늘진 곳에서 과실 표면의 작은 상처 등이 아물도록 과실 표면을 건조하는 것을 예건이라 함
- 수확 과실은 통풍이 잘되고 그늘진 곳에 5~7일 정도 야적하여 과실 표면이 마른 후 저장고에 들어가야 과피얼룩과, 부패과, 과피흑변과 등의 발생이 적고, 장기간 보관할 수 있음
- 특히 수확기에 강우가 잦으면 과실의 표면이 습할 우려가 있으므로, 수확 및 기타 작업 중에 발생한 작은 상처들이 잘 아물도록 과피 및 봉지가 바싹 마를 정도로 충분히 예건한 다음에 저장 및 출하해야 함
- 조생종인 '원황'이나 수출용 '황금배' 등은 수확기가 고온기이므로 야적 기간을 최대한 짧게 해야 과심갈변 방지에 효과적임
- '신고'의 경우 수확 후 과피흑변에 의한 문제가 발생하므로 수확 후에는 반드시 예건하고, 야적을 위한 비가림 시설이 없다면, 햇빛을 가릴 수 있는 차광막을 이용하여야 함
- 또한 통풍이 양호하도록 적절한 상자 띄움이 바람직하며, 예건은 그늘지고 통풍이 양호한 곳에서 처리해야 과실 온도를 낮출 수 있음

<수확 후 상온통풍에 의한 순화처리가 저장 중 과피흑변 발생에 미치는 영향('신고')>

| 순화처리기간(일) | 과피흑변 발생률(%) | 과피흑변면적(㎟/과실) |
|---|---|---|
| 0 | 56 | 24.5 |
| 5 | 6 | 12.4 |
| 10 | 0 | 0 |
| 15 | 0 | 0 |

## 가을거름 주기
- 가을거름은 과실 생산에 소모된 양분을 나무에 보충하여 줌으로써 다음 해 발육 초기에 이용될 저장양분을 많게 하기 위한 목적으로 주는 것임
- 좋은 과실을 만들어낸 나무에 감사하는 의미로 주는 비료라고 하여 예비 또는 가을에 주는 비료이기 때문에 가을 비료라고 함
- 가을 거름은 9월 중·하순부터 시작되는 가을 뿌리 신장에 맞추어 주며 이 시기에 흡수된 양분은 다음 해 봄에 나무의 초기 발육 즉 전엽에 크게 영향을 미침
- 가을거름을 너무 일찍 수확 전에 주면 과실품질을 나쁘게 할 염려가 있고, 동시에 가을에 발아될 위험성이 있으므로 조·중생종의 경우 9월 하순에 만생종은 10월 중순에 주는 것이 좋으며, 질소 비료 양은 연간 주는 양의 20% 정도임
 - 비 내리기 직전에 살포하는 것이 좋으며, 비가 오지 않으면 비료 살포 후 충분한 양의 관수를 실시하도록 함

## 맛있는 배 고르는 방법
- 푸른 기가 없으며 밝고 선명한 황색일 것
- 꽃자리 쪽이 튀어나오지 않고 납작한 배
- 고유의 은은한 향이 나는 배
- 병해충 피해 및 흠집이 없는 배
- 껍질이 쭈글쭈글하거나 울퉁불퉁하지 않고 매끄러운 배

## ☐ 배 신고 수확일 예측에 만개후 일수 및 적산온도 지표 활용

(영농활용: 2024. 국립원예특작과학원)

○ 배경
 - 최근 기온상승으로 배 신고 개화기 및 수확시기 빨라지고 있어서 적정 수확일 예측을 위한 산정 기준 제공 필요
 - 기존 만개 후 일수 기준을 활용하고 있으나, 고온 건조 기상 조건에서 숙기 빨라지는 사례가 있어 이를 반영한 수확일 산정 기준 마련 필요

○ 개발된 영농기술정보
 - 나주 및 천안 지역에서 최근 15년 '신고' 수확일 및 기온 자료를 분석한 결과, '신고' 수확일 예측 지표로 만개 후 일수 및 적산온도 기준값이 유용하였음
 - 나주 지역 기준으로 배 '신고' 예상 숙기는 만개 후 일수 170±3일, 만개 후 적산온도 3,740±50℃ 도달하는 시기(일)가 적숙기에 도래하는 것으로 예측됨
   * 나주(15년평균값): 성숙소요일 170±5, 적산온도 3,740℃, 만개일 4.10±4, 적숙기 9.25±5
   * 천안(15년평균값): 성숙소요일 169±5, 적산온도 3,700℃, 만개일 4.13±5, 적숙기 9.27±5
 - 한편, '신고' 실제 수확은 3회 분산 수확을 권장하며, 1차 수확은 적숙기 보다 10일 앞서 수확 권장하고, 1차 수확일은 만개 후 160±5일 및 적산온도 3,500±50℃ 도달 시점을 기준으로 계산할 것을 권장함

○ 파급효과
 - 신고 적숙기 예측으로 농작업 효율 증진 및 과실 과숙 사례 예방
 - 수확기 고온 등 이상기상에 대응하여 농가 손실 예방
 - 정밀한 수확일 결정으로 과실 비상품과 경감 및 농가 소득 증대

## ❏ 배 데임, 터짐 피해 과실 수확후 관리 기술

(영농활용: 2024. 국립원예특작과학원)

○ 배경
- 여름철 계속된 고온 및 높은 일조로 배 과실의 고온장해와 이후 강우로 인하여 열과·낙과가 다수 발생하여 수급 안정을 위한 저장 과실의 추가 피해 최소화 방안 필요

○ 개발된 영농기술정보
- 과실은 상처, 병해, 충해를 입거나 부적절한 환경적 조건으로 인해 스트레스를 받게 경우 에틸렌의 발생이 증가함
- 이러한 과실은 주위의 건전한 과실에도 영향을 미칠 수 있으므로 저장 전 상처과, 생리장해과, 병해충과, 과숙과는 철저히 선별하여 제거해야 함
- 외관상 정상과로 선별되었더라도 생육기 고온에 의한 과육갈변, 씨방갈변 등 내부장해과가 발생할 수 있어 내부장해율이 높은 지역 또는 과원의 과실은 조기에 출할 수 있도록 함
  * 내부장해율이 높은 지역의 저장물량은 우선 출하 권고

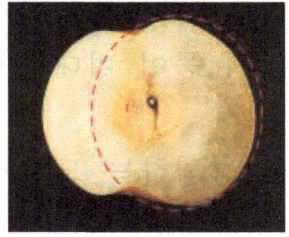
<과육전체 갈변>

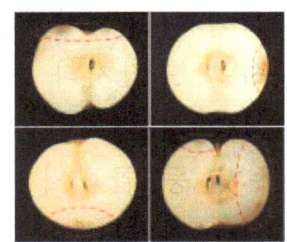
<부위별 갈변>

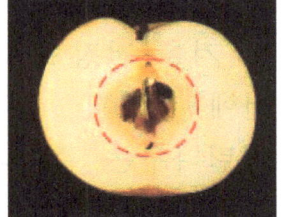
<씨방 갈변>

※ 특히 만생종 '신고'의 햇볕 데임과 열매 터짐 피해가 발생한 과수원은 철저한 선별과 저장으로 정상 열매의 품질이 떨어지지 않도록 주의해야 함

○ 파급효과
- 국내 유통 배의 품질관리 및 수급 안정을 통한 농업인 소득 증대 및 물가 안정에 기여

## 3. 복숭아

☐ 가을 전정

- ○ 가을 전정은 잎이 우거진 생육기에 시행하므로 가지의 상황이나 혼잡 상태, 수관 내 햇볕이 드는 정도 등을 파악하기 쉬움
  - 전정 상처도 크지 않고, 절단면 유합도 양호함
  - 가을 전정은 수세가 강한 나무에서 수형을 정돈하거나 나무 세력을 적절하게 조절하기에 효과적임
  - 어린나무 등 수형 형성기에 있는 나무는 주지나 부지주 등 골격지보다 세력이 강한 웃자람 가지가 더 비대하기 전에 제거하는 것이 좋음
- ○ 가을 전정 시기는 새 가지 성장이 거의 정지하고, 2차 생장의 위험성이 없는 9월 상·중순이 가장 적합함
  - 너무 빠르면 다시 성장하기 쉽고, 늦으면 수세를 억제하는 효과가 떨어지고, 절단면의 유합도 나빠지므로 주의가 필요함
  - 가을 전정으로 도장지 또는 겹친 가지 등이 그늘을 만드는 부분을 중심으로 나무 안쪽 가지까지 충분한 햇볕이 들어가도록 전정함
  - 또 겨울 전정으로 전정하는 도장지나 굵은 가지 등이 비대해지기 전에 정리함
  - 어린나무는 주지나 부주지 등 골격지 생육을 방해하는 도장지를 솎아내는 정도로 함
  - 가을 전정의 정도는 너무 자르면 가지 생육을 저하하기 때문에 수세에 따라 적절하게 조절하고, 가능한 최소한으로 억제함
  - 수세가 약한 나무에서는 가을 전정에 따라서 생육이 더욱 저하될 수 있으므로 가지와 잎의 확보를 위해 가을 전정하지 않는 편이 좋음
  - 보통 나무에서도 주지나 부주지 선단부 부근, 강하게 세력을 유지하고 싶은 부위도 가을 전정에서는 남기고, 겨울 전정 때 하는 것이 좋음

○ 축벌·간벌
- 초기 수량을 올리기 위해 밀식한 과원에서는 점차 수관이 확대됨에 따라 햇빛 투과량이 적어지고 과실품질이 저하됨
- 또한 아래에 있는 가지는 충실하지 못하거나 고사하여 수고가 높아지는데, 결과적으로 수관면적에 비해 수량이 늘지 않고 작업 효율이 떨어지는 등 불리한 점이 많음
- 이러한 과원에서는 축벌과 간벌을 통해 과원 내 광 환경을 개선해 주어야 함
- 작업 시기는 가지와 잎이 무성하여 광 환경의 좋고 나쁨을 확인할 수 있는 생육기에 하는 것이 좋음
- 인접한 나무와의 거리가 1m보다 좁으면 일조 불량 및 과실품질 저하의 원인이 되므로, 축벌은 가을전정과 함께 9월 상순에 하고, 간벌은 수확 직후에 하는 것이 유리함

□ 가을거름 주기
○ 수확 후에는 나무 세력을 회복시키고 저장양분을 증대시키기 위해 9월 상순경에 가을 거름을 줌

〈복숭아나무 분시비율 및 시기〉

| 구 분 | 질 소 | 인 산 | 칼 륨 | 석회 및 마그네슘 | 시 기 |
|---|---|---|---|---|---|
| 밑거름 | 70(%) | 100(%) | 60(%) | 100(%) | 휴면기 |
| 웃거름 | 10 | | 40 | | 5하~6상 |
| 가을거름 | 20 | | | | 8하~9상 |

- 조생종은 수확기부터 낙엽기까지의 기간이 길어서 가을 거름의 효과가 크게 나타남
- 가을 거름은 속효성과 완효성 성분을 적당한 비율로 혼합하여 연간 질소 시비량의 10~20% 정도를 사용하는데 결실량이 적어

영양 생장이 활발한 나무나 유목에는 주지 않는 등 나무 세력에 따라 가감함
  - 또한 주는 시기가 늦으면 가지의 충실도가 떨어지고 언 피해를 받기 쉬우므로 주의함
  ○ 복숭아나무에서 질소질이 많으면 나무가 웃자라서 수관 하부 과실 품질이 불량해지고, 과실 크기는 조금 커지지만, 당도가 떨어지고, 착색 불량, 향기가 떨어지는 등 과실 품질을 나쁘게 함

□ 저장양분 축적
  ○ 저장양분의 중요성
  - 과실 수확이 끝난 후부터 낙엽 전까지는 저장양분을 축적하는 시기임
  - 이때 축적한 저장양분은 겨울철 나무의 어는 온도를 낮춰 언 피해로부터 나무를 보호하고, 이듬해 개화 후 약 1개월까지 발근, 발아, 개화, 전엽 등 초기생육의 에너지원으로 사용됨
  - 따라서 저장양분이 부족하면 언 피해에 취약할 뿐만 아니라 세포분열과 비대, 신초 초기생육에 부정적인 영향을 미쳐 과실품질이 떨어짐
  - 수확 후에도 저장양분 축적이 원활히 이루어질 수 있도록 과원 관리에 주의를 기울여야 함
  ○ 수체 관리법
  - 나무가 저장양분을 효율적으로 축적하려면 무엇보다 광합성을 활발하게 하는 것이 중요함
  - 그러기 위해서는 시비를 통해 양분을 공급해 주고, 가을전정을 하여 광 환경을 개선해 주어야 함
  - 건전한 잎이 낙엽기까지 잘 유지될 수 있도록 하는 것이 중요하므로, 9월에 조기 낙엽을 일으키는 세균성구멍병, 복숭아굴나방 등을 철저히 방제하도록 함

## 4. 포 도

❑ 수확시기 판단

○ 포도 수확은 당도, 과피색 및 산 함량 등의 품질기준을 고려해 판단하지만, 현실적으로 과피색 기준을 실용적으로 사용하고 있음
  - 수확 기준 중에서 단맛을 나타내는 당도는 디지털 당도계로 쉽게 측정할 수 있고, 과피색도 숙기판정용 칼라차트로 판단 할 수 있음
  - 그러나 소비자 식미에 많은 영향을 주는 산 함량은 농가에서 쉽게 측정할 수 없어 주로 시식(試食)에 의존했으나, 휴대용 산도측정기가 보급되어 일부 농가에서 산 함량을 측정하고 있
  - '샤인머스켓' 품종은 청포도로 과피색만으로 명확하게 수확시기를 판단할 수 없으므로 과피색을 포함한 당도, 꽃이 모두 핀 후 일수 등의 다중지표를 사용하여 판단할 수 있음
    ※ 다중지표: 칼라차트 4~5단계, 당도 18.0°Bx이상, 꽃이 모두 핀 후 105일 후

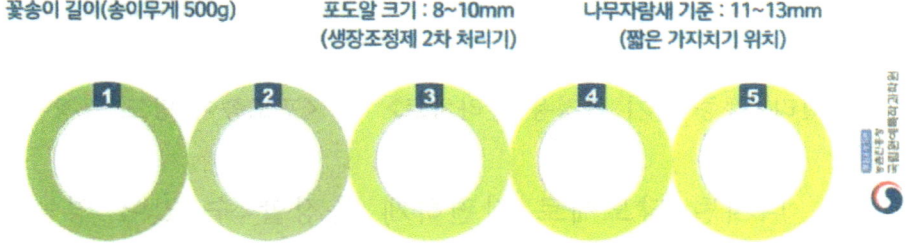

  - '샤인머스켓'은 '거봉계' 품종처럼 성숙기에 착색불량과가 분명하게 나타나지 않지만, 과피색에 의한 수확시기 판단은 과피색이 녹색에서 황록색으로 변하는 복합 차트 3~5단계로 송이 무게가 500~700g으로 신초 당 1송이로 송이 수를 조절하면 고품질 포도를 수확할 수 있음

○ 과피색
- '캠벨얼리' 수확 시기 판단에 있어서 가장 손쉬운 방법으로 칼라차트를 활용하면 효과적임
- '캠벨얼리' 품종의 과피색 수확 기준은 칼라차트 10단계이고, 품질 기준에 도달하기 위해서는 착립 후 송이 당 과립수를 70~75립, 착색 초기에 신초 당 송이 수를 1.5송이로 조절함
- 즉 당도가 빠르게 상승하고, 산 함량이 감소하는 착색 초기까지 착과량을 조절해야 함

<'캠벨얼리' 품종 숙기 판정용 칼라차트>    <포도송이 당도 측정 부위>

○ 당도
- 당도는 디지털 당도계로 간편하게 측정할 수 있어 영농현장에서 많이 이용되고 있음
- 당도 측정 시 송이 윗부분 시료만 채취하면 송이 대푯값을 얻을 수 없어 윗, 중간 및 아랫부분에서 균일하게 시료를 채취하여 측정함
- 또한 디지털 당도계는 정확도 향상을 위해 증류수 등으로 수시로 영점을 조정한 후 사용하면 좋음
- '샤인머스켓'과 같은 청포도의 경우 비파괴 당도계를 활용하여 측정하는 경우가 많이 있는데, 측정 시 주의할 점은 측정 부위로 빛이 들어가지 않게 밀착하여야 하고 주기적으로 보정해야 함

- 우리나라 주요 품종의 수확 시 기준 당도는 '캠벨얼리' 수확 기준 당도는 15.0°Bx 이상이고, '샤인머스켓' 및 '거봉' 품종은 18.0°Bx 이상임
○ 산 함량
- 포도의 신맛을 나타내는 산도는 성숙 기준에 가장 늦게 도달하여 수확기 판단에 가장 중요한 지표로 산 함량 측정 후 출하하면 소비자 만족도를 향상하게 시킬 수 있음
- '캠벨얼리' 및 '거봉' 품종 산 함량 기준은 0.4~0.6%로 품질 균일도 향상을 위해 8월 상순 이전 수확하는 포도는 산 함량을 측정한 후 출하해야 함

□ 수확 시 참고할 점('캠벨얼리')
○ 포도는 가능하면 외기온도가 낮은 이른 아침에 하고, 흐린 날에는 덕면이 어두워 착색상태를 판단하기 쉽지 않아 미숙과를 수확할 수 있어 주의해야 함
- 이른 새벽녘부터 수확할 때는 전날 수확할 송이를 표시해 놓으면 효율적으로 수확할 수 있음
- 수확한 포도는 직사광선을 받지 않도록 나무 그늘에 두어 송이 자체 온도를 낮춤
- 또한 상품성 판단의 중요한 지표 중 하나인 과분을 잘 관리하기 위해 포도알에 지문 등의 자국을 남기지 않음

□ 맛있는 포도 고르는 방법
○ 줄기가 파랗고 알맹이가 촘촘하며 탄력감이 있는 포도
○ 송이 위쪽이 달고 아래쪽으로 갈수록 신맛이 강하기 때문에 시식할 때 아래쪽을 먹어보고 선택하는 것이 좋음
○ 포도 표면의 하얀 가루는 당분이 껍질로 나온 것으로 가루가 많을수록 당도가 높음

□ 생산자의 포도 판매경로 정보제공

(영농활용: 2023. 농촌진흥청 기술협력국)

○ 배경
 - 최근 소비 시장의 변화와 유통 환경의 변화에 따라, 다양한 판로에 대응하기 위하여 생산자는 출하처별 관리하는 것이 농가 경영의 핵심 요소
 - 포도는 소비자들의 소비가 급증하였고, 이에 따른 생산재배 면적도 증가함에 따라, 포도 판매경로별 특징 및 효율적 판매 방안을 제시할 필요가 있음

○ 개발된 영농정보 내용
 - 생산자가 직접 판매할수록 거래 및 가격의 만족도는 높은 수준
 ・소비자 직거래의 경우, 포장·선별·유통비용·가격 등 직접 정하여 소비자에게 판매하여 생산자의 만족도가 높은 경향
 - 생산자는 판매경로를 선택하는 우선순위는 소득향상
 ・생산자 판매처 선택의 가장 큰 요인은 소득향상이며, 다양한 판매처를 선택함으로써, 위험을 분산하고 있음

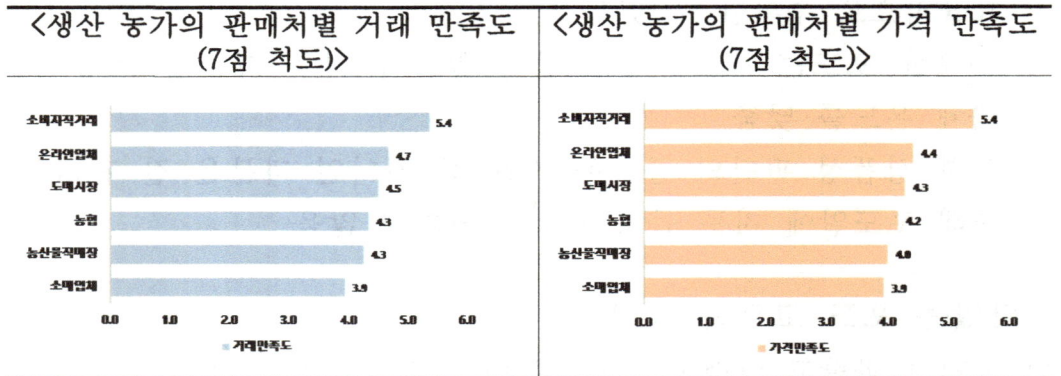

○ 파급효과
 - 생산자의 판매경로별 효율적 판매방안 제시 및 출하 전략 수립을 지원함
 - 포도 재배 생산자를 대상으로 한 판매경로 지도·컨설팅 등 교육 자료 활용

# 포도 품종별 감각 특성 정보

(영농활용: 2024. 국립농업과학원)

○ 배경
- 농산물 구매 시 외관 및 라벨을 기준으로 선택하지만 실제로 맛 정보에 대한 기대가 높음. 그러나 맛 지표는 '당도'에 불과하고 향미, 식감 등의 기호에 영향을 주는 감각 품질특성에 대한 정보는 부족한 실정임
- 소비자의 선택 다양성을 확대하고 포도의 소비 촉진을 위하여 품종별 포도의 감각 특성 정보를 제공하고자 함

○ 개발된 영농기술 정보
- 포도 품종별 감각 특성 프로파일링(10품종)
 · 대상품종(10종): '캠벨얼리', '거봉', '충랑', 'MBA', '자옥', '홍주씨들리스', '미화회', '레드글로브', '샤인머스캣', '스윗글로브'
- 감각특성: 외관 7항목, 향 5항목, 맛/향미 5항목, 후미 3항목, 식감 6항목(총 26개)
 · '캠벨얼리', 'MBA', '충랑', '자옥' 등은 단맛이 풍부하고 식감이 쫄깃함
 · '거봉'은 상대적으로 신맛이 더 있으며 부드럽고 쫄깃한 식감이 있음
 · '샤인머스캣'과 '스윗글로브'는 그린계열의 색으로 단맛이 풍부하면서도 아삭한 식감이 있음
 · '미화회', '홍주씨들리스', '레드글로브'는 상대적으로 아삭한 식감과 신맛이 있음

〈포도 감각특성 정보〉

〈포도 품종별 감각특성 맵〉

○ 파급효과
- 포도 품종별 감각적 특성 정보를 제시함으로써 포도 소비 촉진에 기여

# 5. 감귤

□ 감귤나무 이달의 생리 생태
  ○ 상순: 가을순 신장시기 및 과실의 비대가 왕성한 시기
  ○ 중순: 가을순 신장이 왕성하며 축적시기, 극조생온주 착색기
  ○ 하순: 가을의 신장 정지시기, 조생온주 착색개시 및 성숙기

□ 마무리 열매솎기
  ○ 9월 중순 이후 수확기까지 일소과(햇볕데임 과실), 병해충과, 상처과, 기형과, 아주 작은 과실, 나무 안쪽에 달린 과실, 밑으로 늘어져 땅에 닿는 과실 등을 열매솎기함
   ※ 마무리 열매솎기는 상품 비율을 높이고 노동력을 줄일 수 있는 최선의 선택임
   - 9월 1일 기준하여 작은 과실은 38mm 이하, 큰 과실은 54mm 열매솎기를 하는 것이 좋으며, 열매가 적게 달린 나무는 마무리 열매솎기만 해도 당도를 높일 수 있음
   - 수세가 약하고 열매가 많이 달린 나무에서는 일소(햇볕 데임)와 열과가 많이 발생할 수 있으며, 열매솎기를 통해 적정 착과를 유지하고 토양수분함량이 급격하게 변화하지 않도록 관리함
   - 풋귤 출하 농가는 농약안전사용기준을 준수하고, 만개 후 100일~120일 사이(8월 25일~9월 15일)에 수확하는 것이 다음 해 해거리 발생을 줄이고 수량 확보에 유리함
   - 이 시기는 수확 시 노동력도 절감되고 가을순 발생이 적거나 없어 풋귤 생산에 좋은 시기임
   - 9월에 수확한 풋귤을 저온(5℃)에서 보관하면 변색과가 거의 없고 상온에서는 보관 후 7일경부터 심하게 변색하여 상품성이 떨어짐
   - 수확 직후 저온에서 밀봉비닐, 유공비닐, 검정비닐, 감귤박스를 이용하여 보관하거나 상온에서 밀봉비닐에 보관하여 유통하면 선도 유지에 효과가 좋음

❏ 다공질 필름 피복 과원관리
○ 9월부터는 당도와 산 함량이 높으므로 산 함량 감소가 가장 많이 이루어지도록 물 관리를 해야 함
 - 당도와 산 함량을 10일 간격으로 조사하여 산 함량이 높으면 점적관수를 해야 함
 - 토양특성, 착과량, 위조현상(잎이 위로 말리는 증상) 등을 고려하여 관수 시기와 간격, 물주는 양을 결정하는데 10일 간격으로 10~20톤/10a을 관수함
 - 또한 9월 중에 태풍이나 국지성 집중호우로 피복자재에 빗물이 고이지 않도록 함
 - 빗물이 고이면 토양 건조가 느려지므로 자연 배수가 되도록 피복 전에 배수로를 만들어 주는 것이 좋음
 - 다공질필름을 피복한 과수원에 강우로 인하여 물이 유입되었을 경우 피복자재를 걷어내고 토양을 건조한 후 다시 피복 함

<화산회토양 피복재배 시 시기별 온주밀감 품질변화('14. 감귤연)>

| 일 자 | 9. 1 | 9.10 | 9.20 | 9.30 | 10.10 | 10.20 | 10.30 | 11.10 | 11.20 |
|---|---|---|---|---|---|---|---|---|---|
| 당도(°Bx) | 8.0 | 8.4 | 9.1 | 9.8 | 10.5 | 11.3 | 11.9 | 12.3 | 12.7 |
| 산 함량(%) | 2.90 | 2.58 | 2.18 | 1.70 | 1.46 | 1.28 | 1.17 | 1.04 | 0.96 |

<관수를 결정하는 방법(톤/10a)>

| 품질변화 기준과 비교 | 관수 방법 |
|---|---|
| 당도 높고 산 함량 높음 | 다음 조사까지 2일마다 4톤 이상 |
| 당도 높고 산 함량 낮음 | 다음 조사까지 2일마다 4톤 |
| 당도 낮고 산 함량 낮음 | 다음 조사까지 건조 |
| 당도 낮고 산 함량 높음 | 다음 조사까지 건조, 수확기 늦춤 |

※ 10일마다 조사/ 기상변화 심할 경우 관수량 가감

## ☐ 드론을 이용한 감귤 착과량 추정 기술

(영농활용: 2024. 국립원예특작과학원)

○ 배경
- 과수분야 기초자료 수집 시 인력 의존 데이터 수집 체계 취약성 극복 필요
○ 개발된 영농기술정보
- 과수분야 드론 영상 활용 기술 정보 제공
  · RGB 및 분광센서 활용 과수 분류 및 착과 추정 기술 소개
- 분광정보를 기반으로 잎과 과실의 픽셀을 추출할 수 있으며 이를 이용하여 과원 내 수체의 면적을 산출할 수 있음
  · 식생지수를 이용할 경우 과수의 생육을 추정할 수 있으며 주기적인 데이터 수집(시계열)을 통해 생육단계별 생육 변화 추정이 가능
- 드론 탑재 분광센서 기반 착과량 추정 시, 과원 내 각 나무에 대한 실측값(중량)과 과실 픽셀 간 상관관계 분석을 통해 착과량 추정이 가능하며 특잇값의 분포를 통하여 착과특성(상단/하단 착과)까지 파악이 가능
- 분광정보를 이용하여 과실 분류 시, 원자료의 전처리가 필요
  · 전처리는 식색지수를 이용하여 수체와 배경을 분류하는 작업으로 감귤의 경우 식생지수 0.4를 기준으로 그 이상의 픽셀은 과수 수체를 분류할 수 있음
- 전처리가 완료된 이미지는 분광 스펙트럼 중첩 후 각 픽셀의 행렬 연산을 통하여 각 수체에 대한 분광 값을 삽입할 수 있으며, PCA(주성분분석)을 통하여 최적 분류 모델을 결정
- 이를 통하여 과실 픽셀을 추출할 수 있으며 과원 이미지 내 과실 픽셀과 실제 수확 과실의 중량 간 분석을 통하여 대면적 과원 내 과실 착과량을 추정할 수 있음
○ 파급효과
- 감귤 생산량 사전 추정 가능 생산·유통 비용 절감 및 효율성 증대

## ▢ 최근 20년간 제주지역 노지 온주밀감의 기상 요인에 따른 비대율 변화

(영농활용: 2024. 국립원예특작과학원)

○ 배경
- 노지 온주밀감은 기상 조건에 따라 생물계절, 과실 비대, 품질 등 생산량과 품질에 직접적인 영향을 미침
  * 기후변화에 따른 생물계절 변동('22, 영농), 노지온주밀감 생물계절 및 품질 변화('18, 영농)
- 과실 생장에 영향을 미치는 기상 요인을 확인하고 상관관계를 분석하면 노지 온주밀감 생산량 예측을 위한 기초자료로 활용이 가능
  * 기상에 따른 생리낙과 예측모형과 착과율 예측 기술 제시('23 영농)
  * '과수생육 품질관리시스템'에서 감귤 등 5대 과종의 재배지 기상과 품질 정보제공

○ 개발된 영농기술정보
- 기상조건에 따른 노지 온주밀감 비대 예측
  · 노지 온주밀감의 과실 비대는 S자형 비대곡선을 나타내며, 기온이 상승하면서 발아기와 만개기가 빨라져서 과실비대 종료 시기는 0.7일/년 빨라지고 있으며, 과실 비대기간은 0.6일/년 증가하고 있음
  · 과실 비대는 모든 온도 지표와 수증기압포차에서 상관관계를 형성
  * 최종과중 도달율은 평균기온과 일최저기온이 상관관계가 가장 높았음
  * (일평균기온) 상관계수 0.842($p<0.001$), (일최저기온) 상관계수 0.843($p<0.001$)
  · 온도 영향을 분석한 결과, 일 평균기온 20℃ 미만이거나 일 최저기온이 15℃ 미만일 경우 과실 비대가 억제되었음

○ 파급효과
- 기후변화에 따른 노지 온주밀감의 생산량과 품질변화 예측 자료 제공
- 노지 온주의 품질 예측을 위한 과학적인 근거 확보와 대민정보 제공

## 6. 단감

☐ 토양수분 관리
  ○ 성숙기에 토양수분이 부족할 경우 과실비대가 뚜렷하게 적어지고, 반대로 수확기 토양수분이 과다할 때는 과실은 커지지만, 당도와 착색이 불량하고, 성숙이 지연되기 쉬움
  - 건조해진 토양에 갑자기 관수를 많이 하면 꼭지들림과 발생이 많아질 수 있으므로 토양수분의 급격한 변화가 없도록 관수 시기와 양을 조절하는 것이 중요함
  - 단감 성숙기에 과원 내 습도가 높으면 과피흑변과 발생이 많아지므로 습도가 높은 과원일수록 예초하여 풀을 짧게 관리하고, 도장지를 제거하여 통풍을 좋게 해야 함

☐ 성숙과 착색
  ○ 감의 과실비대는 2중 S자 곡선을 나타내는데, 과실비대가 급속하게 일어나는 제3기(9월 중순~수확기)가 되면 착색이 진전되고, 과육경도는 낮아짐
  - 단감의 경우에는 자연탈삽 과정에 의해 가용성 타닌 농도가 감소하고, 당 축적은 많아지면서 성숙이 진행됨
  - 감의 착색은 과실 표피세포에 들어 있는 카로티노이드 색소들이 발현되기 때문임
  - 이들 색소는 클로로필(엽록소)과 함께 공존하고 있다가 성숙기에 클로로필이 분해되면서 이들 색소 중에서 크립토산틴, 제아산틴, 베타카로틴 및 붉은색을 띠는 라이코펜 등의 색소가 발현되면서 각각 품종 특유의 색을 발현하게 됨
  - 라이코펜은 성숙이 진행될수록 증가하는데, 9월 이후 자연광의 30% 이상에 해당하는 광도가 필요함

- 9월 하순 이후 낮 온도가 15℃와 20℃에서는 야간온도가 약 5℃ 높은 경우에, 낮 온도가 25℃와 30℃에서는 야간온도가 5℃ 낮은 경우에 라이코펜 함량이 높아져 온도의 영향을 많이 받는 것으로 알려져 있음

❑ 조생종 수확
○ 열매껍질색 및 당도, 크기, 경도 등을 고려하여 수확시기 결정
 - 품종 고유 색깔로 착색 및 당도가 충분히 완숙된 것부터 3~4회 분산 수확
 · 수확 시 취급 부주의는 저장력에 크게 영향을 주므로 꼭지나 주두에 의한 상처가 발생하지 않도록 주의
 - '미감조생', '추연' 품종 수확적기는 '서촌조생', '자비시'보다 약간 빠른 9월 중순이며, '서촌조생', '자비시' 품종 수확적기는 9월 하순임
 - 태풍피해로 낙엽이 20% 이상인 과원, 병해충 피해를 심하게 받은 과실은 저장력이 약하므로 장기저장을 피하는 것이 좋음

❑ 가을거름 주기
○ 가을거름은 꽃눈 분화와 과실비대에 많은 영양분이 소모되어 쇠약해진 나무자람세를 회복하고, 충분한 양분을 저장시켜 다음 해 개화기까지 영양 공급을 원활히 하기 위해서 주는 비료임
○ 9월 하순부터 10월 상순은 과실의 착색이 시작되고, 급격히 비대하는 시기임
 - 이 시기는 기온이 낮고, 뿌리의 흡수기능도 쇠약하며, 잎의 동화 기능이 떨어지는 때이므로 속효성비료를 주거나 물거름으로 만들어 잎에 직접 살포함
 - 거름 주는 시기가 너무 이르면 과실 성숙이 늦어지고, 너무 늦으면 흡수가 어려워짐
 - 세력이 강한 나무이거나 엽색이 짙은 나무에서는 질소 주는 양을 줄여야 함

○ 기상 조건과 나무 영양 상태에 따라 다르나 극조생종은 9월 중순, '부유'나 '차랑' 품종은 10월 상·중순경임
  - '부유' 가을거름 주는 시기 및 양

(단위: kg/10a)

| 시 기 | 질소비료 주는 양 | 칼륨비료 주는 양 |
|---|---|---|
| 10월 상중순 | 0~6<br>(요소 0~13) | 3 ~ 4.2<br>(황산칼륨 6~9 또는 염화칼륨 5~7) |

○ 수확기에 서리가 일찍 내리는 지역에서는 질소 주는 양을 줄이거나 주지 않는 것이 좋음

□ 생리장해

○ 꼭지들림

 - 9월 중·하순 2차 과실비대기에 꼭지 꽃받침과 열매살 사이 접합부에 틈이 생기고 그 틈 사이에 빗물이 스며들거나 병균이 침입하여 병든 과실을 만드는 등 과실의 기부가 일찍부터 붉게 무르거나 부패하여 상품성과 저장성을 잃게 되는 증상임
 - 꼭지들림이 많이 나타나는 시기는 비대가 많은 10월 중순경 후기 비대기임
 · 납작한 반시 계통 품종에서 발생이 많고, 동일 품종은 큰 과실에 많이 발생
 - 예방 대책으로는 전체 생육기간 내 균형 있는 양분 흡수가 이루어지도록 적정 거름 및 토양수분 관리에 유의함

○ 배꼽부위터짐
 - 9월 하순부터 과실 배꼽부위에 균열이 생겨 과실 중심부까지 갈라지고 이 부분에 잡균이 침투하여 검게 변하여 부패
 - 대다수 품종에서는 발생이 적으나 '차랑' 계통 품종에서 많이 발생

- 종자가 많거나 큰 과실에 많이 발생하므로 해당 품종 재배 시 열매 솎기로 과실이 균일하게 크도록 함

〈과실 배꼽부위터짐〉

○ 녹반증
- 잎, 가지 뿌리 등에는 이상 없으나 9월 중순 착색기부터 표면 일부분에 엽록소가 분해되지 않고 약간 패이면서 푸른 무늬가 생김
- 발생 원인은 어린 과실의 표면 손상 및 습해나 병해충·농약 피해 등으로 망간 함량이 높은 과원에서 주로 발생함
- 녹반 발생 과실을 저장하면 검게 변하여 상품성을 잃게 되므로 주의함
- 발생 과원은 석회와 유기물을 주어 토양산도를 교정함

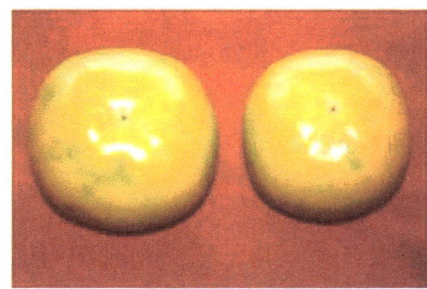 

〈녹반증 증상〉

○ 과피흑변과
- 과실이 비대하면서 표면에 엷은 검은점 또는 검고 가는 선과 구름 모양 등 검은 무늬가 생겨 과피가 검게 변하는 현상
- 흑변 형태에 따라 점상형, 파선상형, 구름무늬형 등 세가지 유형으로 구분

- 점상형: 꽃이 떨어진 후 6월 하순부터 발생, 성숙기까지 점차 증가
- 파선상형: 가장 많이 발생하는 증상으로 발생 시기는 점상형보다 늦은 9월 중·하순이며, 과피착색과 병행하여 성숙기에 급증함
- 구름무늬형: 수확기에 많이 발생하며, 수확이 늦으면 거의 모든 품종에서 발생함
- 발생 원인은 착색기에 농약 등이 녹은 물방울이 미세한 상흔으로부터 침입하여 표피 조직에 달하여 이곳에서 산화효소의 작용으로 타닌성 물질인 폴리페놀 물질이 산화되어 흑변됨
- 방지대책은 가을철 안개가 많은 곳, 햇볕 시간이 짧은 골짜기는 흑변과 발생이 많으므로 통풍과 채광에 유의함
- 또한 발생하기 쉬운 품종, 가지가 심하게 밑으로 처지는 품종은 심는 거리를 알맞게 하고, 습도가 높은 과원에는 제초를 자주 하고, 적절한 정지·전정으로 광 환경 및 통풍을 개선함

점상형　　　　　　　파선형　　　　　　　구름무늬형
〈과피흑변과 증상〉

○ 과정부 연화
- 과정부 일부가 물러지거나 심한 경우 적도면에 가까운 부분까지 뚜렷한 층을 형성하면서 연화됨
- 여름부터 가을까지 가뭄이 계속된다든지 과도한 관수를 한 경우 많이 발생하는 것을 볼 때 토양으로부터 무기영양분의 공급이 원활하지 못하기 때문으로 여겨짐
- 대책은 유기물을 충분히 주어 토양화학성의 급격한 변화를 줄임

# 7. 키위

## □ 키위 성숙기 맞춤형 볼록총채벌레 유기방제 매뉴얼

(영농활용: 2024. 제주특별자치도농업기술원)

○ 배경
- 기후변화로 인해 시설재배 키위에서 볼록총채벌레는 9월 이후 발생이 증가하고 있으나 키위는 건물중(마른 무게)에 따라 수확시기가 달라지므로 농약 사용에 제약이 있어 적기 방제가 어려움

○ 개발된 영농기술 내용
- 키위 시설재배지에서 볼록총채벌레의 주 발생 시기는 7~10월임
- 볼록총채벌레 방제에 효과적인 유기농업자재는 데리스, 님, 고삼 추출물이었음
- 키위 성숙기에 볼록총채벌레의 밀도가 증가하여 데리스, 님, 고삼 추출물을 순서대로 교호 살포한 결과, 농가에서는 64.9%의 방제효과가 있었음
- 수확기 과실의 피해도 5(피해면적 3~10%) 이상 피해 과율은 유기농업자재처리구에서 1.5%, 농가관행구에서 4.8%로, 유기농업자재 살포 시 3.3%의 상품 수량이 증가하였음

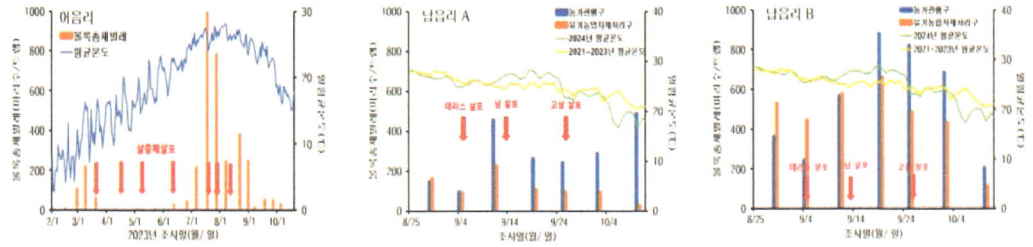

볼록총채벌레 발생시기 및 밀도    키위 성숙기 볼록총채벌레 유기농업자재 방제효과

○ 파급효과
- 키위 안정생산 기반 구축 및 농가소득 향상
- 유기농업자재를 이용한 농약사용 절감

# Ⅲ. 화 훼

# 1. 라넌큘러스

## ☐ 특성 및 종류

○ 미나리아재비과에 속하는 알뿌리 식물인 라넌큘러스(Ranunculus)는 전세계적으로 600 여종의 야생종이 광범위하게 분포하고 있으며 우리나라에도 여러 종이 자생하고 있음

○ 우리나라에 자생하는 꽃은 바람꽃류, 개구리자리, 미나리아재비류 등 23종이 분포하고 있으며 습지에서 잘 자라고 꽃은 흰색과 노란색의 홑꽃으로 핌

○ 주로 원예종으로 이용되는 것은 R. Asiatics임

○ 라넌큘러스(Ranunculus)의 꽃 이름은 라틴어 'Rana'에서 유래 되었는데, 이는 개구리라는 뜻으로 이 꽃이 습한 지역에서 잘 자라는 특성 때문에 붙여진 이름이라고 함

○ 터키에서 16세기경에 서유럽에 도입된 후 남아프리카, 북아메리카, 일본 등으로 전파되었고, 원종은 노란색으로 버터와 비슷한 색상인 것을 생각해 영명으로 Persian buttercup 혹은 Turban buttercup라고 불리지만 실제로는 먹어서는 안 됨

○ 현재 우리가 이용하는 라넌큘러스는 화색이 보라색, 빨간색, 오렌지색, 노란색, 흰색 등으로 다양하게 관상할 수 있으며 겹꽃으로 매우 화려함

○ 최근 육종 기술이 개발되면서 아네모네와 라넌큘러스의 속간잡종 교잡 후대가 획득되면 전통적인 겹꽃 형태에서 꽃 내부에 잎이 있거나 전체적으로 구불거리는 형태 등 다양한 라넌큘러스가 개발되어 보급되고 있으며 새로운 볼거리를 제공하고 있음

<라넌큘러스 구근의 모습 및 국내 도입 품종>

## ☐ 생리 생태
○ 라넌큘러스는 뿌리가 변하여 양분 저장 기관으로 된 덩이뿌리임
○ 구근의 눈은 휜털로 쌓여 있고, 모양은 달리아와 비슷함
○ 가을에 맹아 하여 잎이 나오고, 생육하여 봄에 개화함
○ 구근 생산 또는 절화 재배 후의 구근은 6월경 수확
○ 개화 후 22~24℃ 정도의 고온 및 건조 상태에서는 생육이 정지되고 휴면에 들어가 맹아를 하지 않지만, 구근에 물을 흡수시켜 적당한 습도를 유지 시켜 주고 온도를 5~15℃의 저온에 2~3주간 두면 싹이 남

○ 구근은 20℃ 이하의 온도에서 싹이 나고 개화되지만 꽃눈(花芽)의 형성 및 발달은 저온이 필수적임
 - 꽃눈의 형성은 야간 최저 5~10℃ 정도에서 재배하면 가장 빠르고 이보다 높은 고온에서 재배하면 늦어짐
 - 또 5℃의 습윤 상태에서 2~3주간 처리하면 꽃눈 형성 및 개화는 촉진되나 그 이상 되면 꽃 수가 감소하고 절화 품질이 나빠짐

❏ 재배 기술
○ 구근 준비 및 정식
 - 라넌큘러스의 원산지는 지중해, 유럽동남부, 터키, 이란, 이스라엘 등 북반구에 있으며 날이 덥고 건조할 때 휴면함
 - 일반적으로 따뜻한 겨울에서부터 봄까지 꽃이 생산되고 그 이후에는 생육이 정지되고, 구근은 건조되어 여름을 지나감
 - 일부 외국에서는 화단용으로도 이용하기는 하지만 우리나라에서는 가을, 겨울, 봄에 거쳐 시설에서 절화를 생산하기 위해 재배됨
 - 구근은 매우 건조한 상태이므로 갑자기 물을 흡수시키면 구근이 터지거나 부패하기 쉬우므로 촉촉하게 젖은 상토에 묻어 서서히 흡수시킴
 - 구근에 물을 흡수시켜 적당한 습도를 유지 시켜 주고 온도를 5~15℃의 저온에 2~3주간 두면 싹이 자라남
 - 구근은 20℃ 이하의 온도에서 싹이 트고 개화되지만, 꽃눈의 형성 및 발달은 저온이 필수적임
 - 꽃눈의 형성은 야간 최저 5~10℃ 정도에서 재배하면 가장 빠르고 이보다 높은 고온에서 재배하면 늦어짐
 - 하우스 내 재식 밀도는 10a당 2~3만 구 정도로 정식함
○ 재배 및 관리
 - 구근 절화 재배는 일반적으로 구근을 정식하는 시기는 9월 하순에서 10월 상순임

- 구근을 정식한 후 온도가 높지 않게 서늘하게 관리하고 고온 시 차광하면 생육이 좋아짐
- 토양은 깊고 유기질이 풍부한 것이 좋고, 산성인 경우는 석회를 시용하여 pH 6.5 정도로 조절해 주어야 함
- 너무 과습 하면 병해충 발생이 많으므로 배수가 잘되도록 함
- 온도 관리는 11월 상순 또는 중순에 비닐을 씌우고 온도가 10℃ 이하가 되지 않게 가온함
- 무가온 재배 시에는 기온이 내려가면 비닐을 씌워 보온하고 1월 이후는 꽃봉오리가 올라오므로 동해를 입지 않을 정도로 가온 설비를 준비해야 함
- 1월까지는 대부분 첫 번째 꽃이 개화하고 품종에 따라 다르지만, 구근에서 5~10개 정도의 절화가 생산할 수 있음
- 라넌큘러스는 비교적 저온성 작물로서 생육 초기에는 한낮 온도가 20℃ 이상 되지 않게 주의하여 관리함
- 재배 중 야간온도가 15℃ 이상 높아지면 개화 소요 일수가 짧고 개화가 일찍 되지만 절화 품질이 떨어지므로 5~10℃의 비교적 저온에서 관리하여 줄기가 굵고 절화 품질이 좋은 꽃을 피우는 것이 무엇보다 중요함
- 또 고온 다습 시에는 잿빛곰팡이병의 발생이 쉬우므로 환기를 자주 해야 함

○ 종자를 이용한 재배
- 종자는 20℃ 이상에서는 발아하지 않으므로 평지에서는 10월, 고랭지에서는 9월에 파종함
- 종자는 발아율이 낮으므로 1,000본의 묘를 생산하려면 30mL의 종자가 필요함
- 파종은 파종 상자에 5cm 간격으로 파종하고 가볍게 복토함

- 15~20℃ 정도의 서늘한 곳에서 관리하고, 묘의 정식은 12월 상중순경 본엽이 4~5매 정도이고, 초장이 3~4cm 정도 되었을 때 함
- 재배 온도는 야간 8℃, 주간 15~20℃가 적당하고 이보다 고온일 경우 웃자람

○ 구근 번식 방법
- 번식은 종자로 하는 경우와 분구하는 경우 및 조직배양에 의한 방법이 있음
- R. asiaticus 종의 경우 주로 분구로 번식하는데 번식력이 연간 2~5배에 불과함
  · 따라서 이러한 단점을 보완하기 위해서 정단분열조직(meristem tip)을 이용하여 조직배양 하는 예도 있으나 박테리아 오염이 많음
  · 꽃도 배양 재료로 이용되나 바이러스 무병주의 생산은 어렵지만 측아 배양은 일시에 많은 개체를 얻을 수 있음
  · 이러한 조직배양의 경우 생산비가 많이 들지만 균일한 개체를 획득할 수 있어 육종회사에서 이용하고 있음
- 꽃 하나에서 보통 200~700개의 종자가 생기고 포기당 많게는 5,000개까지 종자를 얻을 수 있음
  · 따라서 재배에 주로 이용할 수 있는 것은 종자나 종자로부터 1년 동안 키운 구근이 많이 사용됨

# 라넌큘러스 조직배양묘 순화 및 구근 양구를 위한 적정 정식시기 선발

(영농활용자료: 2024. 충청남도농업기술원)

○ 배경
- 라넌큘러스는 겨울철 저온 관리가 가능한 품목으로 겨울철 농가 소득이 우수한 작목이나 구근 가격이 3,500원~4,500원으로 높아 농가에 부담으로 작용함
  ※ 속당 가격(aT): ('13) 4,154원 → ('17) 3,884 → ('20) 5,500 → ('24) 7,945
- 조직배양을 이용한 라넌큘러스 대량증식 시 순화율이 높고 구근 생산성을 높이기 위해 정식시기 추천 및 순화 기술에 대해 영농기술정보를 제공하고자 함

○ 개발된 영농기술정보
- 라넌큘러스 조직 배양묘 구근 양구를 위한 순화 기술
  · 라넌큘러스 조직 배양묘 순화 시 순화율을 높이기 위해 9월보다는 10월과 11월에 정식하는 것이 순화율이 높고 구근 양구가 우수함

발근 조직배양묘 준비 → 온실 정식 → 생육 및 개화 → 구근 수확

<라넌큘러스 조직배양묘 순화 기술>
① 10월~11월 정식을 위해 발근배지에서 1.5개월 배양된 건강한 조직배양묘를 획득하여 배지를 제거 후 묘를 준비
② 깨끗한 원예용 상토를 격리된 배드나 상자에 담고 뿌리를 조심스럽게 배지에 심으며 심은 후 1주일간 광이 강한 시기에는 차광을 해줌
③ 익년 5월 이후 고온에 휴면하는 특성이 보이면 물을 주지 않고 한달 간 구근을 말린 후 수확하며 수확된 구근은 10℃의 저장고에 저장

○ 파급효과
- 라넌큘러스 조직배양 순화묘 순화율 향상에 따른 생산 효율 향상

## 2. 거베라

☐ 형태 및 생리·생태적 특성
  ○ 형태적 특성
    - 거베라는 같은 숙근초인 국화, 카네이션과는 달리 스프레이(Spray Type) 형태가 없이 모든 품종이 한 개의 꽃대(화경, 化莖)에 하나의 꽃을 피우는 1경 1화의 두상화(頭狀化)임

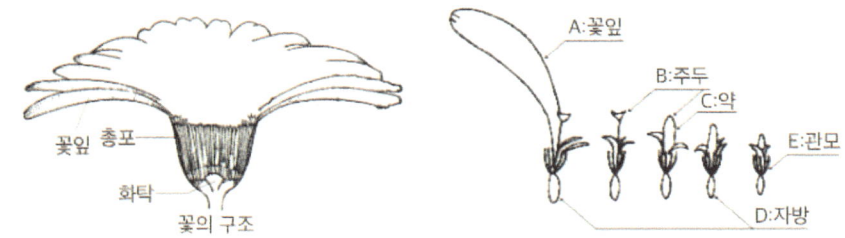

<거베라의 화기 구조>

    - 두상화의 가장자리로부터 2~3열은 우리가 꽃잎이라 부르는 설상화(舌狀化)로 되어 있으며, 바깥 부분의 외부 설상화 및 외부 설상화와 통상화(筒狀花) 사이에 있는 내부 설상화로 구분할 수 있음
    - 꽃 모양은 내·외부 설상화(꽃잎)의 유무에 따라 홑꽃, 반겹꽃, 겹꽃 등 3가지로 구분할 수 있음

<내·외부 설상화(꽃잎) 유무에 따른 화형의 분류>

| 분류 | 홑꽃 | 반겹꽃 | 겹꽃 |
|---|---|---|---|
| 통상화 | ○ | ○ | 꽃잎으로 변형 |
| 내부설상화 | × | ○ | ○ |
| 외부설상화 | ○ | ○ | ○ |

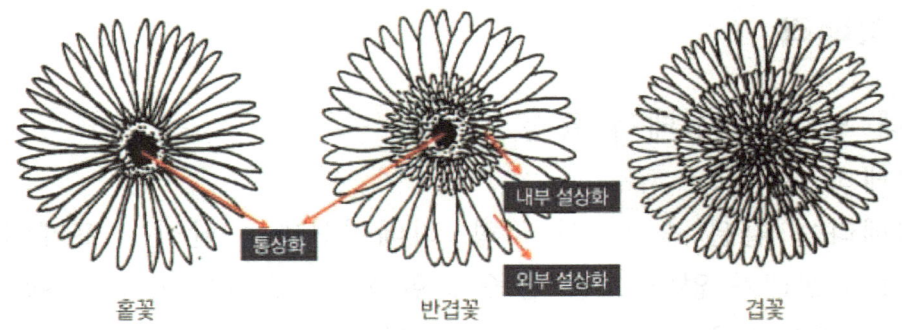

<내·외부 설상화(꽃잎) 유무에 따른 화형의 분류>

- 홑꽃은 설상화(꽃잎)중 외부 설상화·통상화 이루어져 있으며, 반겹꽃은 외부 설상화·내부 설상화·통상화로 이루어져 있고, 겹꽃은 외부 설상화·내부 설상화·통상화가 꽃잎으로 변형된 형태임
- 설상화의 변화 형태에 따라서는 스텐다드형, 스파이더형, 파스타형, 폼폰형으로 구분할 수 있음

<설상화(꽃잎)의 형태에 따른 화형의 분류>

- 설상화의 암술은 임성이 있지만, 수술은 퇴화해 흔적만 있고 화분이 거의 없거나 있어도 임성이 없음
- 갈색, 흑색, 녹색 등의 화심색을 나타내는 가운데의 통상화(筒狀化)는 설상화와는 반대로 수술에 있는 꽃가루는 임성이 있지만 암술은 임성이 없고 단지 꽃가루를 밀어 올리는 역할만을 하며, 수술이 먼저 성숙하는 웅예선숙(雄蕊先熟)을 함

- 거베라는 일반적으로 같은 포기의 꽃에서는 수정이 되지 않는 자가불화합성(自家不和合性)이 강하기 때문에 한 포기에서는 인공수분을 해도 수정이 되지 않지만, 이 한 포기를 분주해 두 포기의 이상으로 만든 다음 인공수분을 하면 종자를 얻을 수 있는데, 이를 인화수분(隣花受粉) 또는 동주타화수분(同珠他花受紛)이라 함
- 대부분의 꽃대에는 잎이 착생하는 것이 일반적이지만 거베라는 잎이 붙지 않는 것이 특징이며, 꽃꽂이 소재로 이용 시 제한 요인으로 작용함
- 잎의 줄기는 매우 짧으며, 30cm의 광피침형으로 잎의 중간 이하 부분은 민들레와 같이 결각이 심함
- 또한 잎은 마디 구분이 없이 총생해 뿌리에서 잎이 나오는 로제트 모양을 만들고 잎 뒷면에는 털이 많음
- 화형은 홑꽃, 반겹꽃, 겹꽃 등 3가지 형태가 있고 화심색은 갈색, 흑색, 연한 녹색이 있음
- 뿌리는 직근성을 가지며 지하 1m까지 신장함

○ 생리적 특성
- 화아형성 및 발달의 특징
  · 거베라 화아는 다른 절화류와는 달리 저온처리나 일장처리를 요구하지 않는 일정한 영양생장 기간만 경과하면 개화 및 절화할 수 있는 영양·생식생장형 식물임
  · 첫 번째 꽃눈에 도달하기까지의 분화되는 엽수는 7~27매로 1번화가 만들어지면 바로 밑에 2번화가 신장함
  · 2번화가 개화하고 나면 3번화는 2번화 바로 밑의 겨드랑이에서 나온 두 번째 가지에서 개화하고 바로 밑에서 4번화가 개화함
  · 절화 본 수는 액아의 발생이 많을수록 많으나 분화 엽수가 많으면 발육이 부진한 비율이 높아지기 때문에 엽수가 많다고 해 꽃수가 많아지는 것은 아님

- 이와같이 액아 및 잎을 계속해서 만들면서 덩이줄기(괴경)를 만듦
- 이 덩이줄기의 하위로부터 분지한 눈일수록 분화 엽수를 많이 만들고 상위에서 분지한 가지일수록 하위보다 적은 잎과 꽃을 만듦

〈거베라의 꽃눈 형성〉

- 화경(꽃대)장 신장의 특징
 · 거베라 꽃대의 신장은 꽃목 밑 1~5cm 부분에서 신장함
 · 특히 신장율이 큰 부위는 꽃목 및 1~2cm 사이로 지면에 가까운 부분일수록 경화해 신장 생장이 정지하며 꽃봉오리가 떨어지면 꽃대는 더 이상 신장하지 않음

○ 생태적 특성
- 온도
 · 식물의 생리적 대사 반응을 시작하는 온도를 생리적 영점이라 부르며, 일반 식물에서는 섭씨 5℃ 내외임
 · 온도의 영향을 받기 쉬운 거베라 절화 생산에서는 생리적 영점을 아는 것이 특히 중요함
 · 거베라의 생리적 영점은 3℃일 때는 지온이 8℃, 기온이 6℃에서 신장 생장이 정지하는 생리적 영점으로 기온이나 지온 한쪽이 결정되면 다른 한쪽도 결정됨
 · 개화 소요 일수와 초기 꽃대의 신장율은 기온의 영향이 크고, 꽃눈의 출현 간격과 절화 길이 및 후기 꽃대의 신장율은 지온의 영향이 큼

- 겨울철 가온은 채화 본수를 많게 하고 절화 길이를 신장시키며 기형화 발생을 감소시키는 등 품질향상에 많은 영향을 미침
- 생육 적온은 16~20℃로 비교적 서늘하고 낮은 온도에서 생육이 좋으며 고온기에는 수량 및 품질이 저하함
- 여름의 고온기에도 잎과 꽃눈 생성이 계속되지만 화아유실 비율이 높으므로 개화수가 급속히 줄어들고, 기형화 발생 비율이 증가함
- 개화수를 줄이는 요인으로는 고온장일, 건조 또는 과습, 비료부족 포기의 과번무, 일조부족 등임
- 따라서 여름철 고온기에는 첫째, 배수를 좋게 하고 건조하지 않도록 관수하며 둘째, 6월 상순~7월 상순에 질소질이 많은 깻묵 또는 완효성 비료를 시용하고 셋째, 포기 내부까지 햇빛이 잘 들고 통풍이 잘되게 오래된 잎을 제거함, 넷째, 차광막을 이용해 30% 정도 차광을 하고 측면 또는 천창 환기구를 통해 환기가 잘되도록 관리함

〈거베라 천창 환기 시설 및 차광막〉

- 수분
- 거베라 뿌리는 직근성으로 땅속 깊이 내려가 건조에 비교적 강하기 때문에 10cm 깊이에 수분이 있으면 생육이 가능함
- 토양 수분이 많으면 뿌리썩음병, 곰팡이병 등의 발생이 우려되므로 수분이 과다하지 않도록 관리

- 거베라 절화 생산의 생육 단계와 관수 시점은 정식 1개월에는 재배상 토양수분 장력을 pF 1.5~1.7로 관리하고, 2개월부터는 pF 2.0, 절화 생산에 들어가는 3개월 이후에는 약간 건조한 상태인 pF 2.0~2.3으로 관리하는 것이 좋음
- 관수량은 토양 조건, 식물상태, 광 강도에 따라 다르지만 흐린 날이나 습한 날은 관수량을 줄임
- 관수는 아침 10시경에 하는 것이 과습에 의한 곰팡이병 발생을 예방할 수 있음
- 수분 증발을 막기 위해서는 짚을 깔거나 비닐로 덮어 줌
- 이때 유백색 비닐을 이용하면 빛이 반사되어 잎 뒷면에서도 광합성 작용을 할 수 있어 여름에는 지온 저하, 겨울에는 지온 상승의 효과를 볼 수 있음
- 지하수위가 높은 경우에는 배수구를 만들어 배수가 잘되도록 함

- 일장
- 거베라는 비교적 서늘한 기후를 좋아하는 식물로 장일보다 단일에서 채화본수·분화엽수·액아의 발생이 많고 품질이 우수하며, 한여름에는 화아가 정상적으로 자라지 못하고 말라버리는 형상이 많이 발생함
- 일장에 따라 차이는 있지만 대부분 품종이 장일보다 단일 조건에서 생산성이 높음

- 토양
- 토양 조건은 양토~사양토로, 비옥도가 있고 배수와 통기성이 좋은 토양에서 잘 자람
- 적합한 토양 pH는 6.0~7.0이며, 산성 토양에서는 일반적으로 미량요소의 과잉 증상이 나타나기 쉽고 망간 과잉증은 토양 pH 저하가 원인이고, pH에 대한 반응은 품종에 따라서 약간의 차이가 있음

- 알칼리성 토양에서는 망간, 붕소 등의 미량요소 결핍이 나타나기 쉬움
- 뿌리는 잎과 괴경을 지지하는 견인근(곧은뿌리)과 견인근에 붙어 있는 흡수근(잔뿌리)으로 되어 있음
- 견인근은 지상부가 붙어 있는 괴경을 안전하게 지지하는 역할을 하고 흡수근은 수분과 양분을 흡수하는 일을 함
- 뿌리는 매우 빨리 신장해 정식 후 3개월이면 견인근은 90cm 이상, 흡수근은 0~40cm 부근에 많이 분포함
- 정식한지 6~12개월이 지나면 견인근이 130cm 이상 깊이까지 도달하고 흡수근도 0~100cm 깊이에 도달하기 때문에 심층까지 충분한 유기물과 거름을 줄 필요가 있으며 일반적으로 40~60cm까지 깊이갈이를 해줌
- 토양 습도가 높으면 역병과 뿌리썩음병 발생이 심하므로 지하수위가 높은 곳은 지하 70~100cm 깊이에 배수관을 3m 간격으로 설치해 토양전염을 하는 역병으로부터 피해를 최소화할 수 있음

## ☐ 거베라 수경재배 적정 고형배지 선발

(영농활용자료: 2023. 경상북도농업기술원)

○ 배경
- 거베라는 토경에서의 장기재배 시 문제가 되는 연작장해를 회피하여 지속 가능한 안정생산을 위해 국내 실정에 맞는 수경재배 기술이 필요함
- 거베라 수경재배를 위한 적정 고형배지를 선정하여 농가에 직접 적용 할 수 있는 재배 기술을 제시하고자 함

○ 개발된 영농기술정보
- 거베라 수경재배 적정 고형배지를 선발하기 위해 배지 종류를 펄라이트, 코이어(칩1:더스트1), 펄라이트(1):코이어(1), 펄라이트(2):코이어(1), 코이어(칩) 총 5개로 조성하여 거베라 나타샤 품종의 절화수량, 상품률, 생육(엽장,엽폭 등)을 조사함

- 네덜란드 비순환식 양액조성, 1일 300ml 내외(주당), 고온기 EC 1~1.5dS/m, 저온기 EC1.5~2.0dS/m)
- 절화 수량은 코이어(칩)에서 주당 59본/주/년으로 펄라이트보다 10% 증대됨
- 비상품 수는 코이어(칩)에서 펄라이트(2):코이어(1) 보다 4배 낮음
    * 상품 기준: 농산물 표준규격 '거베라' 기준으로 등급규격(보통 이상), 크기 (3급 이상)
- 거베라 수경재배 고형배지 종류별 절화 수량 및 비상품률 비교

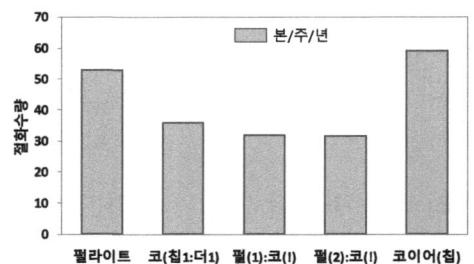 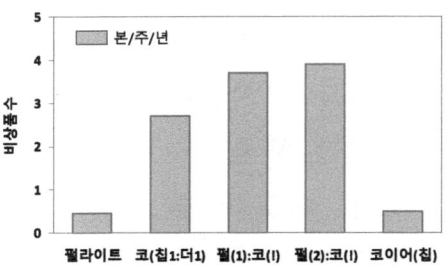

&lt;배지종류별 절화수량 (품종: 나타샤)&gt;　　&lt;배지종류별 상품률 (품종: 나타샤)&gt;

○ 파급효과
- 거베라 안정생산을 위한 수경재배 기술 개발 및 보급
- 거베라 수경재배 시 생육 및 절화 품질 증가에 따른 소득 증대

# Ⅳ. 특용작물

## 1. 인삼

□ **수확** (자료: 표준인삼경작방법)

○ 수확 연근은 일반적으로 4~6년생을 수확하는데 홍삼 원료포에서는 6년근을 수확하고, 백삼원료는 4~5년근을, 삼계탕용은 3년근을 수확하여야 함
○ 수확시기는 8~10월에 걸쳐 수확하는데, 대체로 홍삼포는 9~10월, 백삼포는 8~10월에 수확하여야 함
 - 조기 낙엽된 포장은 8~9월 일찍 수확하여야 하며, 지상부가 건전한 포장은 가급적 9월 하순 이후 수확하여야 함
○ 수확 방법은 해가림을 철거하고 인삼 줄기를 베어낸 다음 상면의 부초를 제거한 후 채굴호미나 인삼 수확기 등을 이용하여 뿌리가 손상되지 않도록 수확하여야 함
 - 인력 수확의 경우는 해가림을 철거하지 않고 인삼 줄기만 잘라낸 다음 호미로 굴취 하여야 함
 - 트랙터 부착용 인삼 수확기를 이용할 때는 먼저 두둑의 맨 처음과 끝부분 3m 정도씩은 인력으로 채굴하여 트랙터를 돌릴 수 있도록 하여야 함
 - 수확기 삽날이 상면으로부터 20cm 이상 깊이 들어가도록 하되, 고랑바닥 이상 깊이로 들어가면 과부하가 걸리므로 주의함
 - 트랙터는 1단으로 서서히 작동하고 뇌두가 보이는 방향에서 수확하여 나감
○ 수확 후 관리
 - 선별 및 수확 후 관리로는 채굴한 수삼은 건조하지 않도록 그늘진 곳으로 옮겨 흙을 털어 건전삼과 병해충 피해삼, 크기 등으로 구분하여 채굴 현장에서 종이 상자 등에 넣어 포장하여야 하며, 수삼의 저장이나 운송 시 통풍이 안 되는 비닐류 등으로 포장하면 변질될 우려가 있으므로 피함
 - 본 저장을 하기 전 품온을 낮추기 위하여 예냉처리를 하는데 예냉 온도는 0℃로 설정하고 저장 상자 내부의 수삼에 온도계를 꽂아 실제 품온을 확인하며 예냉을 실시하여야 함

- 차압예냉 시설이 있다면 강제통풍방식보다 신속하고 균일하게 품온을 떨어뜨릴 수 있음
- 예냉처리 후 수삼의 저장은 저온 3~8℃에 보관 함
- 저장 온도를 0~-2℃ 이하에서 저장했던 수삼은 출하하였을 때 유통 중 품질 저하가 가속화되기 때문에 온도가 -2℃ 이하로 내려가지 않도록 조심함
- 5년근 이상 수삼을 수확하고자 할 때는 수삼의 연근 확인을 신청할 수 있으며, 연근 확인 신청은 수확 예정일 7일 전까지 소정 양식의 신청서를 제출하여야 함
- 수삼연근 확인 절차, 방법, 검사 등에 관한 사항은 「인삼산업법 시행규칙」 제 8조에 의함

## 해충 방제

○ 가루깍지벌레
- 주로 4년생 이상 고년생 포장에서 1년에 3회 발생하여 피해를 줌
- 잎의 뒷면 엽맥과 줄기, 잎자루가 만나는 곳, 줄기, 뿌리 등에 붙어 즙액을 빨아 먹고, 그을음병을 유발하여 지상부를 말라 죽게 함
- 발생 초기에 인삼의 지상부를 제거하고 주위에 등록 약제를 부분적으로 살포하여 방제함
- 수확 예정 포장의 병충해 방제는 사용 농약의 적용 시기를 잘 살펴보고 농약잔류에 검출되지 않도록 안전사용기준을 준수함

〈열매 피해〉  〈잎 표면 배설물〉  〈피해 포장 모습〉

□ 인삼 '천량' 품종의 재배시설에 따른 2년생 생육 및 진세노사이드 함량 정보

(영농활용: 2024. 국립원예특작과학원)

○ 배경
- '천량'은 농촌진흥청에서 개발한 내재해 품종으로, 현재 보급중이며 보급 확대를 위해 채종포 확대 등 다양한 노력이 이루어지고 있음
- 전통적으로 해가림 시설에서 재배되던 인삼은 기후변화로 인해 재배환경의 안정성을 확보하기 위해 터널식 해가림(터널형 하우스) 등 최근 다양한 유형으로 재배 방식의 변화를 시도하고 있음
- 재배시설에 따라 온도 등 생육환경 차이가 발생함에 따라, 인삼의 생육과 유효성분이자 품질 지표성분인 진세노사이드 함량에도 차이가 발생함

○ 개발된 영농기술정보
- 천량 품종 재배시설에 따른 2년생 생육 및 진세노사이드 함량 비교
  · 수확기 기준, 2년생 천량의 근중은 3가지 재배시설에서 평균 5.4g임
  · 2년생 지하부 진세노사이드 함량은 터널식 해가림(1.16%) > 해가림시설(0.92%) > 이중구조하우스(0.86%) 순으로 높게 분석됨

<재배시설별 천량 2년생 근중 변화>

| 재배시설 | 근중 (g) | | | | |
|---|---|---|---|---|---|
| | 6/28 | 7/24 | 8/22 | 9/6 | 10/4 |
| 해가림 시설 | 3.1 a* | 3.4 b | 4.2 b | 5.0 a | 5.0 a |
| 터널식해가림 | 2.5 a | 4.8 a | 5.6 a | 5.5 a | 5.9 a |
| 이중구조하우스 | 3.2 a | 4.2 ab | 4.6 b | 5.0 a | 5.4 a |

* Means with the same letter are not significantly different at the 5% by DMRT.

<재배시설별 천량 2년생 진세노사이드 함량>

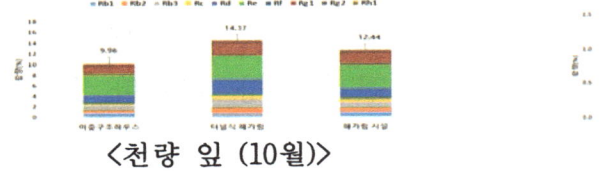

<천량 잎 (10월)>

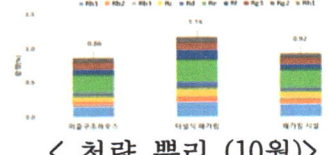

< 천량 뿌리 (10월)>

○ 파급효과
- '천량' 품종의 재배시설별 적응성 확인으로 최적 재배 방식 선택 가능

## 2. 오미자

□ 수확

○ 건 오미자 이용
  - 오미자 열매 색은 초기에는 녹색이나 성숙하면서 홍색을 거쳐 적색으로 변함
  - 성숙한 과실은 폭 0.7~1cm이고, 1과방 당 무게는 보통 6~10g이며, 종실 100입당 무게는 40~70g으로 나무 세력에 따라 과실 크기와 무게 차이가 있음
  - 개화 후 90일이 되면 과실이 연홍색으로 변하여 110일쯤에는 연적색을 나타내는데 이 시기에 수확한 과실은 건조 시 과색이 연적색으로 상품성 없는 과립이 대량 발생함
  - 개화 후 120~125일경에 이르면 과피는 적색으로 변하고 과립이 말랑거리기 시작하며, 이때가 건물중이 가장 높은 경향을 보임
  · 이 시기가 지나면 과방과 과립이 탈락하여 수량이 감소하는 경향을 보이고 수확 시 작업능률도 떨어짐
  - 오미자 계통은 수확시기를 기준으로 조·중·만생 계통으로 나눔
  · 지역과 기상여건에 따라 다르지만, 조생계통은 4월 3일~4월 10일까지 출현하여 4월 27일~5월 10일까지 개화기를 거쳐 5월 20일~8월 20일까지 과실이 비대 되며, 8월 29일~9월 6일까지 수확기임
  · 중생계통은 이보다 8~12일 늦게 수확하며, 만생계통은 중생계통보다 10~24일까지 늦어지기도 함
○ 생오미자 이용을 위하여 수확할 때 과색이 연적색이 들고 팽만할 때가 적기이며, 이때는 생과가 가장 무거워 수량이 가장 많으며 싱싱함
  - 생과 이용 목적으로 수확할 때는 건과 이용 때보다 5~6일 정도 앞당겨 수확하는 것이 안전함
  - 수확 방법은 상자 등에 비닐봉지를 넣어 오미자 즙액이 유실되지 않도록 준비 후 수확함

○ 생과 수확할 때 주의사항
- 생과 수확 시 가장 주의할 점은 열매가 쉽게 물러지지 않도록 해야 함
  · 수확 후 나무 그늘에 흑색 차광망 등으로 덮어 주어야 물러지지 않음

□ 수확 후 관리
  ○ 생오미자 보관
  - 오미자 생과 수확 후 4℃ 저온저장 시 3일까지는 외관이 양호하며, 6일부터 연화가 발생하기 시작하여 9일에는 상당히 진행되며, 12일 후부터는 부패가 급속히 진행되어 18일 정도가 되면 부패율이 55.3%까지 이름
  - 4℃ 저온 저장고에서는 9일까지 저장할 수 있음
    · 이후에는 부패 전에 생과로 출하를 하는 방법을 선택해야 함
  - 그러나 -60℃의 극저온 저장 시에는 품질이 오랫동안 유지됨
  ○ 유공 PE 필름 0℃ 저온저장 효과
  - 오미자 수확 후 2% 유공 PE필름에 오미자를 5~7kg을 넣고 플라스틱 상자(10kg)에 담아 0℃에 저장하면 35일까지 저장할 수 있음
  ○ 건오미자 건조방법
  - 건조방법은 양건과 비닐하우스 이용, 건조기 이용 방법이 있는데, 소량으로 건조 시에는 양건과 비닐하우스 이용 건조도 가능하나 대량으로 건조 시에는 수분함량이 25% 이하가 되도록 하여야 함
  - 양건은 좋은 품질은 건조 소요일수가 15일 정도가 되나 노력이 많이 소요되고, 비닐하우스만 이용 시 부패립 발생이 16.4%나 발생하며, 열풍건조기는 40℃에서 3일, 50℃에서 2일, 60℃에서 1일이 소요되나 연적색이 많음
  - 90℃에서 2시간 건조 후 양건할 경우 3일 정도가 소요됨
    · 이 방법은 자칫 소홀히 하면 건조 시 색택이 불량하여 품질이 떨어질 수 있음
  - 적정 수분함량은 25% 이하가 적당하며, 이보다 건조가 더 진행되면 수량이 낮아져 농가수취 가격이 낮아지고, 이보다 수분함량이 높으면 부패립이 발생함

## 3. 참당귀

□ 국내산 '참당귀·황기 복합물' 전립선 건강 기능성 원료로 인정

(보도자료: 2025.2.27. 농촌진흥청)

○ 농촌진흥청은 국내산 참당귀와 황기 복합물*이 남성 전립선 건강에 효과가 있음을 인체적용시험과 동물실험을 통해 확인했다고 밝혔음

　* 참당귀는 미나리과에 속하는 식물로 피를 만드는 효능이 좋음. 황기는 콩과 식물로 땀을 막고 기운을 나게 해 한약재로 활발히 사용됨

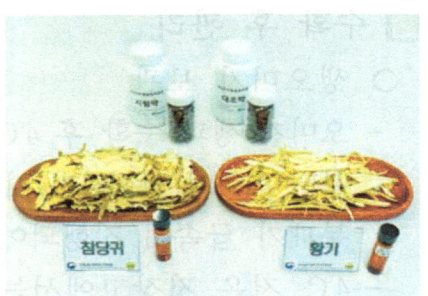

<참당귀·황기 절편과 인체적용시험 약>

○ 요도를 감싸고 있는 전립선이 비대해지면 소변이 자주 마려운 빈뇨나 밤에 소변을 보러 일어나게 되는 야간뇨, 소변을 본 뒤에도 시원하지 않은 잔뇨감 등으로 삶의 질이 떨어짐

　- 전립선 건강에 도움을 주는 건강기능식품이 여럿 개발돼 있지만, 한해 시장 매출액의 87%(367억 원)를 차지하는 원료는 전량 수입에 의존하는 실정임

○ 농촌진흥청은 수입 원료 대체와 국내 특용작물 시장 활성화를 위한 작물 탐색 과정에서 참당귀와 황기에 주목하고, 두 복합물의 기능성을 과학적으로 증명하기 위해 경희대, 세브란스병원, 동탄성심병원, 산업체와 2년간 공동연구를 진행했음

○ 인체적용시험은 전립선 증상이 있는* 만 40~75세 남성 100명을 두 집단으로 나눈 뒤, 한쪽에는 참당귀와 황기 추출물을 2대 1로 섞은 복합물을 하루 0.6g씩, 다른 쪽은 가짜 약(위약**)을 각각 12주씩 섭취케 하는 방식으로 진행했음

　* 전립선 비대증 환자가 아닌, 전립선 비대증 전 단계의 정상인 대상으로 진행
　** 인체적용시험 효과를 검정할 때 대조하기 위해 투여하는 안전한 식품으로 구성된 대조약

○ 그 결과, 참당귀와 황기 복합물을 먹은 집단은 국제전립선증상점수* 주요 증상 항목인 잔뇨감, 야간뇨 등이 유의적으로 개선됐음
   * 국제전립선증상점수 평가 설문지는 증상 관련 7문항, 삶의 질 측정 관련 1개 문항으로 구성, 증상 관련 점수의 합(총점)이 높을수록 증세가 심함을 의미
○ 전립선증상점수 총점을 보면 참당귀·황기 복합물 섭취 집단은 복용 전보다 점수가 26% 감소했지만, 가짜 약을 먹은 집단은 증상 점수 총점이 11% 감소하는 데 그쳤음
 - 특히, 잔뇨감 점수는 참당귀·황기 복합물 섭취 집단에서 37%가 감소했지만, 가짜 약 집단은 오히려 9% 증가했음
○ 이 같은 효과는 인체적용시험에 앞서 진행한 동물실험에서도 확인했음
 - 참당귀·황기 복합물을 먹인 실험동물은 전립선 무게가 39% 줄었고, 전립선 성장 관련 인자가 유의적으로 감소했음
○ 이는 참당귀·황기 복합물이 5-알파 환원효소 활성을 억제한 데 따른 것임
 - 5-알파 환원효소는 전립선 비대를 유발하는 호르몬 '디하이드로 테스토스테론(DHT)'을 생성함
  · 실제로 전립선 비대증 처방제 피나스테라이드도 5-알파 환원효소를 억제해 전립선의 크기를 줄이는 것으로 알려져 있음
○ 이 같은 결과로 참당귀·황기 복합물은 식품의약품안전처로부터 2024년 11월 '전립선 건강' 건강기능식품 개별인정형 원료(제2024-28호)로 인정을 받았음
 - 또한, 연구 결과는 국제 학술지 '파이토테라피 리서치(Phytotherapy Research*)'에 실렸음
 - 농촌진흥청은 원천 기술의 국내 특허 출원**을 마치고, 제품 생산에 앞서 원활한 원료 수급을 위해 기술이전 업체와 협력 중임
   * 피인용 지수(impact factor, IF): 6.1
  ** 황기 및 참당귀를 유효성분으로 포함하는 전립선 질환 예방, 치료 및 개선용 조성물(출원번호 10-2021-0140917)

○ 이번 연구는 우리나라 전립선 비대증 환자가 153만 명에 이르는 상황에서 우리 참당귀·황기 복합물로 전립선 비대증을 예방할 수 있는 제품 생산 기반을 마련한 데 의미가 있음
○ 농촌진흥청 국립원예특작과학원은 "국내산 약용작물을 활용한 건강기능식품 기능성 원료 인정은 수입 원료 대체 효과는 물론, 약용작물 산업을 활성화하는 기폭제가 될 것이다."라며 "앞으로도 약용작물 기능성 소재 발굴과 원료 개발을 지속함으로써 국민 건강과 산업 발전에 이바지하겠다."라고 전했음

## 참당귀와 황기의 특징과 현황

- 참당귀(*Angelica gigas*)는 미나리과에 속하는 다년생 초본 식물로, 한국, 중국 동북부, 일본 등에 분포하며, 뿌리가 약용으로 사용됨
· 건강기능식품 원료로 노인의 기억력 개선, 노인의 인지능력 저하의 개선, 면역기능 개선, 피로 개선, 관절건강, 전립선 건강의 단일 또는 복합물로 사용되고 있으며, 십전대보탕 등 한약 처방으로도 많이 사용됨
- 황기(*Astragalus membranaceus*)는 콩과에 속하는 다년생 초본 식물로, 한국, 중국, 몽골 등에 분포하며, 뿌리가 약용으로 사용됨
· 건강기능식품 원료로 어린이 키 성장, 피로 개선의 복합물로 사용되고 있으며, 한약 처방, 삼계탕 등 보양식 주요 재료로 많이 사용됨

참당귀(재배전경)　　참당귀(뿌리)　　황기(재배전경)　　황기(뿌리)

- 기본통계('23)　　* 약용작물 전체 재배면적: 10,442ha, 총생산액: 1조 3백억 원

| 작물 | 농가수 (호) | 재배면적 (ha) | 재배면적 비율 (%) | 재배면적 순위 | 생산량 (톤) | 생산액 (억 원) | 생산액 순위 |
|---|---|---|---|---|---|---|---|
| 참당귀 | 694 | 472 | 4.5 | 7위 | 1,291 | 236 | 10위 |
| 황기 | 309 | 168 | 1.6 | 8위 | 448 | 114 | 13위 |

* 출처: 2023특용작물 생산실적(농림부), 2023농림축산식품부 주요통계(인삼제외·생강포함 17품목)

## 참당귀·황기 복합물의 원료 표준화

○ 복합물의 제조 및 지표성분 분석
 - 참당귀 추출물 및 황기 추출물 고형분 기준 2:1 배합
 - 지표성분 설정
  · 참당귀의 성분을 분석한 결과 데커신 등의 쿠마린 유도체들을 확인함
  · 황기의 성분을 분석한 결과 오노닌 등의 플라보노이드를 확인함
   * 쿠마린 및 플라보노이드 화합물은 항산화, 항염, 항균 등 다양한 생리활성이 알려짐
  · 분석 및 검증 결과, 건조분말 기준 데커신 38.5mg/g, 오노닌 0.14mg/g으로 지표성분 함량기준을 설정
 - 지표성분 시험법 확립
  · 데커신과 오노닌을 동시분석 할 수 있는 HPLC(고속액체크로마토그래피) 분석법을 최적화하여 분석법 타당성을 검증하였음
  · 해당 분석법을 SCIE급 국제학술지에 게재하고 전문 분석기관에 의뢰하여 지표성분 기준·규격을 설정하였음

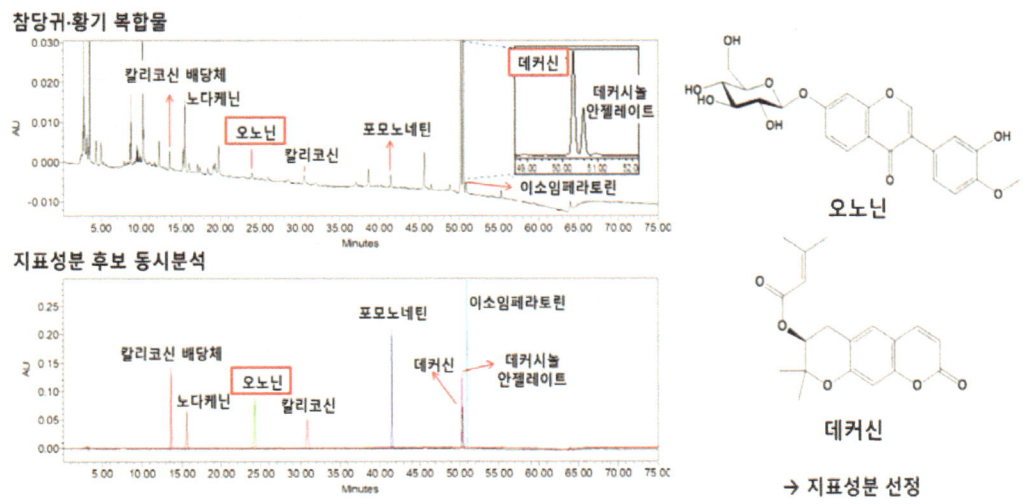

<참당귀·황기 복합물의 지표성분 분석>

## 참당귀·황기 복합물의 전립선비대 개선 인체적용시험 결과

○ 인체적용시험 주요 결과
- 전립선 증상이 있는 만 40세 이상 75세 이하의 국제전립선증상점수(IPSS) 총점이 8~19점에 해당하는 남성 100명(시험군 50, 위약군 50)을 대상으로, 시험군은 참당귀·황기 복합물을 0.6g/일, 12주 섭취후 IPSS 점수를 평가함
- IPSS는 8개 문항으로 잔뇨감 등 증상 관련 문항 7개와 삶의 질 측정 문항 1개로 구성되어 점수가 높을수록 증세가 심함을 의미
- 최종 인체적용대상자 84명(시험군 39, 위약군 45)의 IPSS 총점을 분석한 결과, 참당귀·황기 복합물을 먹은 집단에서 먹기 전 13.33점, 먹고 난 후 9.92점으로 3.41점(▼ 26%) 감소하였으며($p<0.0001$), 가짜 약을 먹은 집단에서는 먹기 전 12.04점, 먹고 난 후 10.69점으로 1.36점(▼ 11%) 감소하여($p=0.0127$) 시험군과 위약군에서 통계적으로 유의한 차이가 나타남(위약군 대비, $p=0.0219$)
- IPSS 항목 중 야간뇨 점수를 분석한 결과, 참당귀·황기 복합물을 먹은 집단에서 먹기 전 1.95점, 먹고 난 후 1.46점으로 0.49점(▼ 25%) 감소하였으며($p=0.0026$), 가짜약을 먹은 집단에서는 먹기 전 1.49점, 먹고난 후 1.33점으로 0.16점(▼ 11%) 감소하였고($p=0.2410$), 잔뇨감 점수를 분석한 결과, 참당귀·황기 복합물을 먹은 집단에서 먹기 전 2.31점, 먹고난 후 1.46점으로 0.85점(▼ 37%) 감소하였으며($p<0.0001$), 가짜약을 먹은 집단에서는 먹기 전 1.58점, 먹고 난 후 1.73점으로 0.16점(▲ 9%) 증가함($p=0.4371$)
- 안전성 평가에서는 위약군 50명과 참당귀·황기 복합물을 1회 이상 섭취한 인체적용시험 대상자 50명에 대해서 안전성 평가 항목에 해당하는 이상반응, 임상병리검사를 평가한 결과 이상반응의 유의한 차이가 없어 참당귀·황기 복합물은 안전한 소재임이 입증되었음

- 종합적으로, 본 인체적용시험을 통해 참당귀·황기 복합물을 섭취하기 전과 섭취 12주 후의 전립선증상 지표를 평가한 결과, IPSS 총점이 위약군에 비해 통계적으로 유의하게 감소되어 참당귀·황기 복합물의 전립선 비대 개선에 대한 유효성을 입증하였음

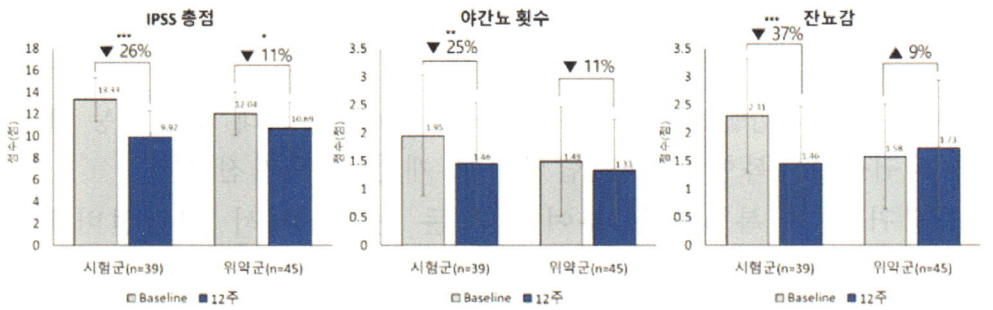

<참당귀·황기 복합물의 전립선 비대 개선 인체적용시험에서 IPSS 점수 변화
(* $p<0.05$, ** $p<0.01$, *** $p<0.001$)>

## 참당귀·황기 복합물의 전립선비대 개선 동물실험 결과

○ 참당귀·황기 복합물의 전립선비대 개선 검정
 - 전립선 비대 동물모델(Benign prostatic hyperplasia, BPH)에서 참당귀·황기 복합물을 4주간 반복 투여 시 전립선비대에 미치는 영향을 평가하였음
 - 10주령 수컷 쥐(군당 n=5)를 실험에 사용하였고, 정상동물군, 전립선비대 유도군, 용량별 참당귀·황기 복합물 투여군으로 분석을 진행했음
 - 그 결과, 전립선의 무게가 참당귀·황기 복합물 투여군에서 전립선 비대 유도군에 비해 유의적인 감소를 확인했음($p<0.01$)

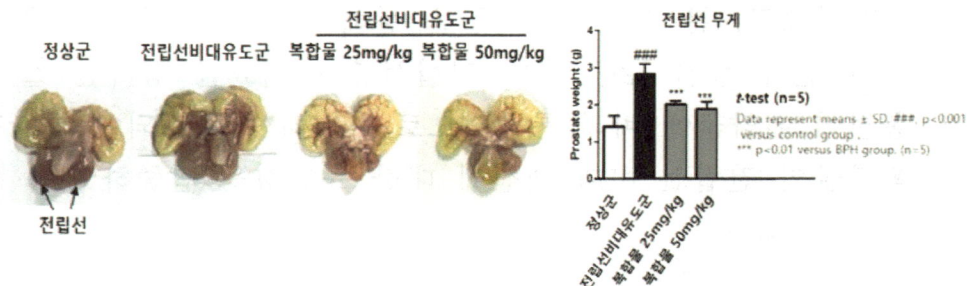

<참당귀·황기 복합물의 전립선비대 동물모델에서의 비대 억제 효능 확인>

○ 참당귀·황기 복합물의 전립선비대 개선 작용기전 연구
 - 참당귀·황기 복합물을 투여한 모든 농도군에서 전립선비대 유도 군에 비해 유의적으로 전립선 조직 중 5-알파 리덕테이즈(5α-reductase; 5-알파 환원효소) 및 혈중 디하이드로테스토스테론(DHT)이 감소했음(전립선비대 유도군 대비, p<0.05)
 - 전립선은 안드로겐 호르몬 의존 기관으로, 전립선의 성장 및 기능 유지를 위해서는 지속적인 안드로겐의 공급이 필요하며 DHT는 전립선 조직 내 안드로겐 호르몬의 90%를 구성하며 5-알파 환원 효소에 의해 테스토스테론으로부터 전환됨. 따라서 5-알파 환원효소를 억제하면 DHT가 감소되어 전립선 비대를 억제할 수 있음

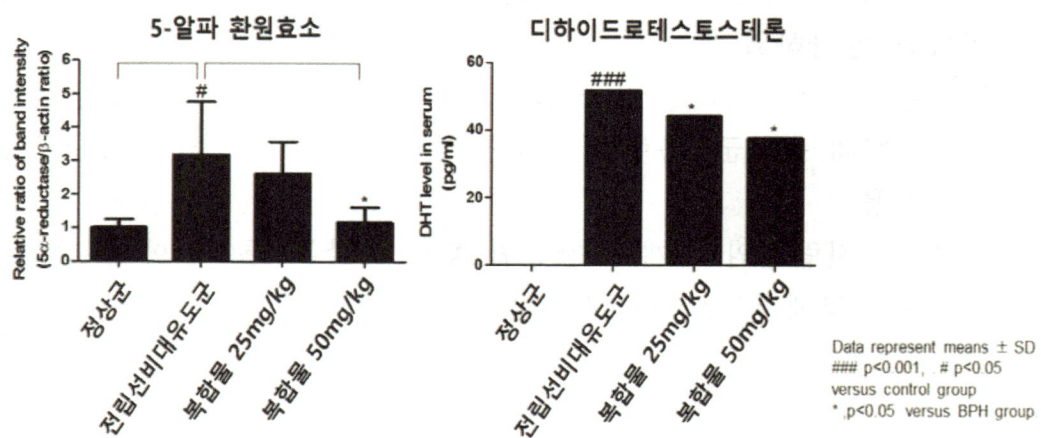

<참당귀·황기 복합물의 전립선비대 동물모델에서의 비대 억제 기전 확인>

✓ 국내 전립선 비대증 관련 현황은 어떤가요?

- 우리나라 고령화율이 빠르게 증가함에 따라 남성 고령층에서 흔히 발생하는 질환인 전립선 비대증 환자 수가 급증함
- 전립선 비대증 환자는 2013년 97만 명에서 2023년 153만 명으로 급격히 증가함(건강보험심사평가원)
- 연령별 유병률이 50~60대 50~60%, 70~80대 80~90% 정도로 중년 남성에서 흔히 발생하지만, 증상이 있어도 절반 이상이 병원을 방문하지 않는 것으로 나타남
- 국내 전립선비대증 치료제 시장은 5,000억 원 규모로 추정('22)되며, 국내 건강기능식품 전립선 건강 기능성 매출 규모는 424억 원 ('23)으로 조사됨

✓ 전립선 건강에 도움을 주는 건강기능식품 기능성 원료는 무엇이 있나요?

- 현재 식약처에서 인정하고 있는 기능성 원료는 ① 쏘팔메토 열매 추출물$^{고시형\ 원료}$, 개별인정형 원료인 ② 쏘팔메토 열매 추출물 등 복합물, ③ 사군자 추출 분말, ④ 홍삼 오일, ⑤ 녹용당귀 등 복합추출물, 본 연구개발을 통해 인정받은 ⑥ 참당귀·황기 추출복합물로 총 6개가 등록됨
- 참고로 고시형 원료는 「건강기능식품 공전」에 등재된 기능성 원료로, 공전에서 정하는 규격에 맞게 제조하여 제조 신고만 하면 어느 업체든 판매가 가능하며 개별인정형 원료는 개별 업체만 인정받는 내용으로 인정받은 업체만 제조 또는 판매할 수 있고 개별인정형 원료는 인정 6년 경과, 품목제조신고 50건 이상을 충족하면 고시형으로 전환이 가능함

✓ 국제전립선증상점수는 무엇이고, 어떤 의미가 있나요?

- 국제전립선증상점수(IPSS, International Prostate Symptom Score)는 전립선 비대증과 같은 전립선 질환의 증상을 객관적으로 평가하기 위해 사용되는 설문 도구
- 세계보건기구(WHO)가 주관한 전립선비대증 국제자문회에서 기본 검사 기준으로 채택된 문진표
- 증상 관련 항목 7개와 삶의 질 관련 항목 1개로 구성되어 증상 관련 항목 7개의 점수 합을 총점이라 함
- 증상 관련 항목 ①소변을 본 후에도 방광이 완전히 비워지지 않은 느낌(잔뇨감), ② 소변이 자주 마려운 정도(빈뇨), ③ 소변을 보는 중간에 멈추는 경우(간헐뇨), ④ 소변을 참기 어려움(요절박), ⑤ 소변 줄기가 약하거나 가늘어짐(약뇨), ⑥ 배뇨 중 힘을 줘야 하는 경우(힘주어 소변보기), ⑦ 야간에 소변을 보기 위해 잠에서 깨는 횟수(야간뇨)
- 삶의 질 항목: 현재 배뇨 상태의 지속이 만족스러운 정도
- 점수 기준: 1~7점 경미한 증상, 8~19점 중간 정도 증상, 20~35점 심한 증상

✓ 이번 연구개발이 국내시장에 얼마나 도움을 줄 수 있나요?

- 본 연구개발 성과를 기술이전 받은 업체는 건강기능식품 기능성 원료의 생산 및 판매 매출을 4년 동안 180억 원으로 설정함
- '전립선 건강' 건강기능식품 시장의 향후 4년간 예상 매출 규모(약 2,512억 원)와 비교했을 때, 약 7.17%의 시장 점유율을 확보할 것으로 전망되며, 지속적인 연구개발을 통해 10% 이상의 점유율 확보가 가능할 것임

- 기존 '전립선 건강' 건강기능식품 원료의 대부분이 외국산 원료에 의존하는 상황에서, 국내산 참당귀와 황기 복합물이 새롭게 원료로 인정받은 것은 침체된 국내 약용작물 농가에 새로운 활력을 불어 넣을 것으로 기대됨

> ◇ '전립선 건강' 건강기능식품 예상 매출 규모 예측 근거
> ('19~'23년 매출액 기반 선형 회귀 방정식)
> $$y = aX + b$$
> ※ y=예측 매출액(억 원), X=연도, a=연평균 증가율(회귀계수, 기울기)≈60.60, b=초기값(절편, 2019년 기준)≈-122117.40

✓ 실험에 사용한 국내산 참당귀, 황기는 중국산과 어떤 차별성이 있나요?

- 국내산 참당귀나 황기는 재배 표준 매뉴얼이 잘 갖춰져 있으며, 국내에서는 GAP(우수농산물관리제도) 도입을 통해 생산 관리와 원산지 관리를 통한 약용작물의 품질이 관리되고 있음
- 표준 재배를 통해 생산된 작물을 이용하기 때문에 원료의 지표성분 함량 등 표준화가 유리함
- 생산 관리 및 수확후관리 측면에서의 안전성이 높음

✓ 전립선 비대증 치료 약이 아닌 참당귀·황기 복합물을 활용하는 것은 어떤 의미가 있나요?

- 건강기능식품은 건강을 유지하고 증진하게 시키기 위해 섭취하는 것이지 의약품처럼 전립선 비대증 치료에 효과를 보기 위함이 아님
- 본 연구에서는 전립선 비대증 환자가 아닌, 전립선 비대증 전 단계의 정상인을 대상으로 인체 적용 시험을 진행하였음
- 전립선 비대증이 아닌 전 단계 사람들이 예방 차원에서 참당귀 황기 복합물을 섭취하면, 전립선 건강에 도움을 줄 수 있음

- 또한 참당귀나 황기가 모두 식품공전에 등재된 식용 가능 소재임을 고려할 때, 여러 부작용이 보고된 기존 전립선 비대증 치료제들을 보완할 수 있는 보조제로 활용될 수 있음

✓ 평소 참당귀와 황기를 어떻게 복용할 수 있나요?

- 현재 민간에서 사용되고 있는 가장 쉬운 참당귀와 황기 섭취 방법은 재료를 물에 우려 차로 섭취하는 것임
- 시중에 유통되고 있는 잘게 절단된 참당귀, 황기 건재를 구입해 참당귀 6g과 황기 3g을 물 1L에 넣어 물이 끓기 시작하면 불을 약하게 줄여 30분간 끓여 복용

✓ 관련 제품은 언제 시중에서 구매 할 수 있나요?

- 기술이전 업체의 경우 건강기능식품을 제조하는 업체이며 판매업체의 요청에 따라 타정, 스틱 등의 제형을 달리하여 생산하게 됨
- 현재 판매업체(브랜드사, 유통사)와 접촉 중이며 올가을에 첫 번째 제품을 선보일 예정으로 시중에서 구매가 가능할 것으로 예상함

✓ 이번 연구의 기대효과와 앞으로 계획은 무엇인가요?

- 전립선 건강에 도움을 줄 수 있는 건강기능성 제품 중 대부분을 차지하는 소팔메토 열매 추출물은 수입 원료로 개발됨
- 국내 자생 약용작물을 이용한 기능성 소재 개발 등 순수 국내 기술력으로 수입 원료를 대체함에 따라 참당귀와 황기 재배 농가의 경제적 소득 증대 및 산업을 활성화할 수 있을 것으로 기대됨
- 참당귀와 황기는 천연물로서 기존 치료제에 비해 부작용이 적어 장기 복용이 가능하므로 기능성 식품 소재뿐만 아니라 향후 천연물 의약품 치료제로도 개발이 가능, 다양한 추가 기능성 탐색을 통해 국내산 약용작물에 대한 우수성을 입증하고자 함

# 4. 약용작물

## ☐ 생육 관리

○ 강활 종자가 결실되는 시기이므로 떨어지기 전 베어서 채종함
- 종자는 바람이 잘 통하는 그늘에 말려 정선함
- 정선된 종자는 수분함량이 12% 이하가 되도록 그늘에 잘 말린 후 종이봉지나 마대에 넣어 통풍이 잘되는 곳에 보관하였다가 사용함

○ 황금은 뿌리발육 촉진을 위해 채종용을 제외하고 꽃봉오리를 제거해줌
- 개화가 10월까지 계속되므로 정단부 10cm 정도를 잘라 필요한 영양분이 뿌리에 이용될 수 있도록 해줌

○ 작약 수확은 세근이 발생하기 전후인 9월 하순~10월 하순경이 적기이지만 11월 하순까지 수확할 수 있음
- 지상부 경엽을 제거한 다음 인력이나 장비를 이용해 수확함
- 세척은 박피기에서 10분 정도 세척한다는 개념으로 살짝 박피해야 수량 손실과 유효성분이 물에 녹아 유실되는 것을 막을 수 있음
- 건조는 60℃ 이하 열풍 건조기를 이용하여 70~80% 정도 말린 후 절단기에 3~4mm 두께로 썰어서 열풍기 또는 햇볕에 마무리 건조함
- 말린 약재는 비닐봉지 또는 PP포대에 넣어서 서늘하고 공기가 잘 통하는 곳에 보관해줌
- 장기 보관을 위해서는 5℃ 온도로 저장고에 보관하면 1~2년 정도 저장이 가능함

○ 율무(이의인)는 전체 종실의 70~80%가 익었을 때 수확함
- 수확 후 7일 정도 밭에서 말린 후 탈곡하여 정선함
- 탈곡한 조곡은 양지에서 자연 건조하거나 열풍 건조하며 건조온도는 40~50℃에서 수분함량이 12% 이하로 건조함
- 조곡상태에서 온도가 낮고 건조한 곳에 저장하면 장기보관이 가능하지만 도정하여 율무쌀로 상온 저장하면 지방이 산패하여 장기 보관이 어려움

○ 당귀는 9월 상순경이 되면 대기 온도가 내려가기 시작하고 당귀 잎의 크기가 가장 큰 시기가 됨
  - 이 시기에 기온이 내려가면서 잎의 생육은 서서히 정지됨
  - 이때 잎의 동화 산물은 주로 뿌리 부분으로 수송되며 주근과 측근이 신속하게 비대하여 육질화 되고 기온이 더 생육이 느려지지만, 뿌리 내부 물질의 집적 속도는 빨라짐
  - 당귀 종자는 적시에 채종해야 하는데 종자가 과숙하면 파종 후 쉽게 조기 추대하고 종자가 너무 어리면 발아율이 낮음
  - 당귀는 종자의 성숙이 균일하지 않으므로 종자 채종을 시기별로 나누어 채종함
   · 당귀 종자가 성숙하는 대로 채종해야 하며 전체 식물체에서 동시에 채종하는 것은 피하여야 함
   · 당귀 종자는 개화 후 45~50(발아율 91.6%, 발아세 82.3%)일에 채종하는 것이 좋음
○ 도라지(길경)는 파종 후 재배 관리를 잘하면 2년 차 가을에 굵기 2cm, 길이 20~30cm 뿌리를 수확할 수 있는데, 식용으로 이용할 때는 시장 시세에 따라 수확할 수 있으나, 약용으로 쓸 때는 3~4년 이상 재배한 것을 가을에 지상부가 완전히 말라 죽은 후 또는 봄에 수확함
  - 도라지를 물에 깨끗이 씻어 겉껍질을 벗겨 말린 것을 백길경이라 하고, 캐낸 뿌리를 껍질 채 말린 것을 피길경이라 하는데 수출은 백길경을 주로 함
○ 당삼 꽃은 7월부터 피기 시작하여 8월 하순부터 꼬투리가 완전히 성숙하여 회갈색으로 변하기 시작함
  - 이때 꼬투리를 5~7일 간격으로 수확하여 햇볕에 말리면 꼬투리가 벌어짐
  - 수확을 너무 늦게 하면 종자 손실이 많고 너무 일찍 하면 꼬투리가 잘 벌어지지 않고, 종자도 충실하지 못하므로 적절한 시기에 수확해야 함

# 5. 버섯

## ☐ 느타리버섯 재배사 및 수확 관리

○ (온습도 관리) 낮과 밤의 기온 차가 크므로 품종별 특성에 맞는 환경조건 유지
  - 생리장해로 인한 기형 버섯 및 병해가 발생하지 않도록 주의하고 일정하게 13~18℃의 온도와 80~85%의 습도를 유지해 줌
○ (환기 관리) 재배사 습도와 환기량 측정은 버섯모양과 균상 상태로 확인함
  - 갓이 작고 대가 길면 환기량은 증가하고 갓이 크고 대가 짧으면 환기량 감소
  - 갓이 작고 대가 긴 버섯 생산을 위해 환기 억제를 하면 세균성 갈변병 피해가 증가하므로 주의
  - 급격하게 환기를 하면 균상 표면이 말라서 각질화되고 어린 버섯이 쉽게 건조되므로 조금씩 꾸준하게 실시함
    · 강제 환기 시스템을 이용하는 경우 풍속이 강하면 버섯 형태가 나팔형이 되거나 기형 버섯이 발생하므로 최대한 풍속 변화 없이 원활한 대류가 이어지도록 함
    · 환기 시간은 버섯의 갓 부위에 잉여 수분이 없어질 정도까지만 시켜 병에 걸릴 확률을 줄여 줌
  - 관수 후, 버섯표면의 유리 수분 정체가 오래가지 않도록 관리함
○ (수확 관리) 수확된 버섯은 절단 후 갓이 터지거나 상처가 나지 않도록 주의하면서 균일한 버섯으로 포장함
  - 균상 손상으로 인한 물 고임이나 파괴로 잡균 발생이 되지 않도록 버섯 밑을 눌러주면서 옆으로 돌려 주의하여 채취함
○ 겨울철 느타리버섯 재배 농가는 종균, 배지를 사전에 확보하여 일정(재배작업)에 차질이 없도록 함

□ 버섯 시장 새바람 "크고 쫄깃한 이색 느타리 뜬다"

(보도자료: 2025.3.17. 농촌진흥청)

○ 흔히 새송이버섯으로 불리는 큰느타리버섯*은 크기가 크고 활용성이 뛰어나 우리나라에서 두 번째로 많이 재배되는 버섯임
 - 시설 자동화 등으로 최근 생산량이 6% 정도 늘었지만, 가격은 10%가량 하락해** 대체 품종을 찾는 농가가 많았음
   * 새송이버섯은 한국에 들어올 당시 새로운 송이의 대체제라는 이름으로 경상남도농업기술원 등에서 '새송이'라는 이름을 붙여줬고, 현재 널리 쓰이지만, 학술적으로 쓰이는 공식 명칭은 '큰느타리'임
   ** 큰느타리 생산량(톤): ('22) 49,864 → ('23) 52,879
      큰느타리 평균 가격(원/2kg): ('22) 6,316 → ('23) 5,661

○ 농촌진흥청은 자체 개발한 교잡 느타리 '설원'과 '크리미'가 현장에서 좋은 반응을 얻고 있다며, 이들 품종이 농가 소득 증가는 물론 소비자 선택 폭을 넓히는 데도 보탬이 될 것으로 기대했음

〈설원 재배 현장 기술지원〉

○ '설원'과 '크리미'는 백령느타리와 아위느타리를 교배해 각각 2015년과 2018년 개발한 품종임

○ 아시아에서 많이 재배하는 백령느타리*는 맛과 향이 뛰어나지만 15일 이상 저온 처리해야 하는 등 재배가 까다로움
 - 반면 아위느타리**는 저온처리 없이도 큰느타리와 비슷한 환경에서 생산할 수 있음
 - 두 버섯의 장점을 살린 교잡 느타리는 식감이 좋고 재배가 쉬움
   * 백령느타리는 중국에서 '아위측이' 또는 '바이링구'로 불리며 부드러운 식감을 가지고 있지만, 15일 이상 저온처리가 필요해 재배가 까다로움
   ** 아위느타리는 건조지대인 중국 신강 지방의 아위나무(야생)에서 자라기에 아위느타리로 불리는데, 재배 조건이 기존 큰느타리와 유사함

○ '설원'은 큰느타리보다 갓 부분이 3~4배 정도 크고 대가 3배 정도 굵으며, 식감이 더 부드러움

- 소비자들 사이에서 "크기에 놀라고 고기를 씹는 것 같은 식감에도 놀랐다"라는 긍정적인 구매 후기와 함께 요리법이 공유되고 있음
- 가격도 큰느타리보다 2배 정도 더 높게 형성돼 있음
○ '크리미'는 '설원'보다 색이 더 밝고 수직으로 곧게 자라며, 부드러우면서 쫄깃한 식감을 지녔음
- 크기는 '설원'처럼 큰느타리보다 큰 편이며, 재배 또한 큰느타리와 비슷한 조건에서 생산할 수 있음
○ 농촌진흥청은 두 품종 보급을 늘리기 위해 요리책을 발간하고 상품기획자와 소비자 집단을 대상으로 시장성을 평가했음
○ 농촌진흥청 국립원예특작과학원은 2025년 3월 초 '설원' 생산·판매 업체를 찾아 "새로운 버섯 품목의 빠른 시장 정착을 위해 품종 개발 시 중도매인, 농가와 함께 우량계통을 선발하고 있다."라며 "품종 개발 이후에도 지속적으로 신품목을 소비자에게 알려 농가소득 창출과 버섯 품목 다양화에 기여하겠다."라고 전했음

## 느타리류 종간 교잡 '설원', '크리미'

- 품종 육성 배경
· 국내 큰느타리 시장의 가격 하락으로 새로운 품목 개발 필요
  * 2023년 기준, 전체 버섯 생산량(176천톤) 큰느타리(53) 약 30% 차지
    전체 버섯 농가수(3,505호) 큰느타리(326) 약 9.3% 차지
  * 큰느타리 평균 가격(원/2kg): ('22) 6,316 → ('23) 5,661
- 품종 육성 방향
· 중국에서 '아위측이' 또는 '바이링구'로 불리며 고가로 판매되는 백령느타리의 부드러운 식감을 살리며 재배가 쉬운 품목으로 개발
  ⇒ 백령느타리와 재배가 쉬운 아위느타리를 종간 교잡함
- '설원'
· 육성('15): '비산1호'(아위느타리)×'백령20'(백령느타리) 교잡, 특허 출원('15)

- 품종특성: 갓의 끝이 말려있고, 갓이 크고 대가 굵음
- 기술이전: 힘찬영농조합법인 전용 실시('23.12~26.12, 3년)
- 판매현황: 전용실시 업체 종균분양 및 대형마트(트레이더스) 입점 판매
  ⇒ 일명 '트레이더스 버섯'으로 알려지며, 52.8톤/월 판매
- '크리미'
  - 육성('18): '비산2호'(아위느타리)×'백령20'(백령느타리), 품종등록('24)
  - 품종특성: '설원' 보다 갓 색이 밝고 직립형이며 부드러운 맛을 지님
  - 기술이전: 솔밭영농조합법인('23.6~24.6, 1년), 힘찬영농조합법인 ('24.9~26.9, 2년)
- 관련 사진

  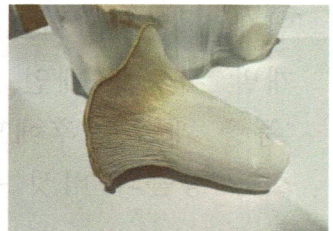

'설원' 버섯 　　　　'설원' 버섯 포장 　　　　'크리미' 버섯

<'설원' 버섯 재배 현장 기술지원>

'크리미' 버섯 두부갈비 　　　　'크리미' 버섯튀김

<'비건을 위한 건강하고 특별한 버섯요리' 책자>

## ☐ 버섯 균사체 기반 생분해성 포장소재 대량생산 방법 및 효과

(영농활용: 2024. 국립원예특작과학원)

○ 배경
- 해외기업 중심 버섯 균사체 활용 친환경 소재 연구 및 상품화가 활발하게 이루어지고 있으나, 국내 버섯 균사체 기반 생분해성 포장소재의 상용화를 위해 대량생산 체계가 확립되어 있지 않음
- 친환경 생분해 포장소재 대량 생산을 위한 특정 균주를 기반으로 한 참나무 톱밥 등의 농산부산물을 활용한 원재료의 수급을 위한 생산시설, 작업환경 등의 표준화가 필요함

○ 개발된 영농기술정보
- 계층버섯의 균주 이용 시 소재 배양속도 단축 및 강도 향상
  · 균사체 배양속도 기계층버섯이 느타리버섯에 비해 2배 우수
  · 압축강도 기계층버섯 3배 우수(기계층 600kgf, 느타리 200kgf)
- 소재 최적 톱밥 입자 선정에 따른 최종 생산물 품질 균일화
  · 굵은 톱밥(입자 5~7mm) 소재 수축률 낮아 QC 통과율 90% 이상
  · 굵은 톱밥이 가는 톱밥에 비하여 최종 제품의 강도 및 표면상태 우수

| 톱밥 | 수축률 | 취급비율* | QC 통과율 |
|---|---|---|---|
| 굵은 톱밥<br>(입자 5~7mm) | 10% | ++++ | 92% |
| 가는 톱밥<br>(입자 2~4mm) | 18% | ++ | 69% |
| 혼합(50%+50%) | 14% | +++ | 80% |

* 취급비율(Handling rating) : 0, 완전 손상; +, 큰 손상; ++, 중간 손상; +++, 약간 손상; ++++, 손상 없음

○ 파급효과
- 원재료 생산 농가 협력으로 재료비(원가) 및 업무 추진 비용 감소
- 농가와 협업으로 안정적인 생산라인 구축, 농가는 인건비 수급 용이

## ☐ 팽이버섯 수확 후 배지 새활용을 위한 균사체 포장소재 활용 기술

(영농활용: 2023. 국립원예특작과학원)

○ 배경
- 버섯 수확후배지는 연간 80만 톤이 발생하나 재활용률은 0.3% 미만임
  * 무상판매 38.9%, 퇴비처리 26.5%, 유상판매 16.9%, 비용수거 7.6%, 방치 5.5%, 재활용 0.3%
- 버섯 생물학적 특성 산업소재로 적합하여 다양한 친환경 소재 연구 활발
- 버섯 수확 후 배지 등 농가들의 처리문제 해소 및 부산물자원의 재순환 통한 부가가치 재고

○ 개발된 영농정보 내용
- 버섯 균사체 산업소재용 우수 균주 선발
  · 1차 후보균주 선발(59균주)→PDA 배지 상 균사체 생육속도 분석→전자현미경(SEM) 활용 균사체 구조적 특성 분석→균주 선발
- 버섯 수확 후 배지 기질 활용 균사체 복합소재 활용성 평가
  · 참나무 톱밥배지 선발균주 생육분석→수확 후 배지 혼합비율 설정 및 균사체 생육 분석→수확 후 배지 활용 소재 물리성 분석
    * 참나무톱밥 및 미강 80:20(w/w) 기질에서 영지버섯(KMCC02846) 균사생육 및 취급비율 우수
    * 영지버섯 수확 후 배지 및 참나무톱밥 60:40(w/w) 기질에서 균사생육 및 취급비율 우수
    * 수확 후 배지 및 참나무톱밥 소재 압축강도 기존 스티로폼 대비 약 4배 우수

 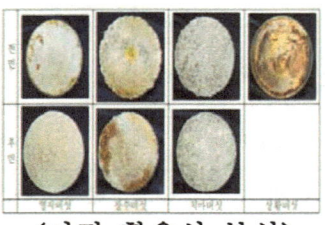 

〈균사체 생육속도 분석〉    〈기질 활용성 분석〉    〈소재 물리성 분석〉

○ 파급효과
- 버섯 수확 후 배지 등의 농업부산물 새활용을 통한 농업가치 향상
- 버섯자원의 소재화를 통한 버섯산업의 외연확장 및 친환경 시장 활성화

# ☐ '농산부산물로 버섯 가죽을' 농촌진흥청, 상용화 현장 점검

(보도자료: 2025.4.23. 농촌진흥청)

○ 농촌진흥청 국립원예특작과학원은 버섯 가죽 상용화를 준비 중인 산업체를 찾아 현장을 점검하고, 소통 시간을 가졌음
○ 농촌진흥청은 2023년 버섯 가죽 제조에 필요한 핵심 균주를 확보하고 원천 기술을 개발한 바 있음
 - 2025년 4월 현재 47개 업체와 17개 농가에 기술 이전을 완료했음
○ 방문한 업체는 농촌진흥청의 버섯 균주 배양 기술을 적용해 버섯 가죽 대량 생산 체계를 구축했음
 - 자동차 내장재(깔개) 상용화를 목표로 길이가 5m에 달하는 두루마리 형태의 원단 생산을 추진하고 있음
○ 특히, 기존에 버섯 가죽 배지로 사용해 온 참나무 톱밥 대신 농산부산물인 수확 후 배지를 재활용함으로써 자원 효율성을 높이는 작업을 진행하고 있음
 - 한발 더 나아가 가죽 생산 뒤 남은 배지를 포장 소재나 건축자재, 버섯 재배용 배지로 재활용하는 방향을 모색하고 있음
○ 농촌진흥청 국립원예특작과학원은 "농산부산물을 활용한 버섯 가죽 제조 기술은 친환경 산업을 위한 혁신적 기술로 자리 잡을 것이다."라며 "농업의 가치를 높이고, 버섯 기반 친환경 소재 시장이 확대되도록 기술지원에 더욱 힘쓰겠다."라고 밝혔음

<기술이전 업체 생산 원단>

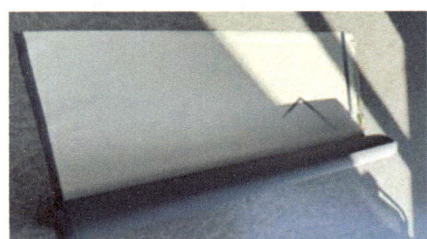 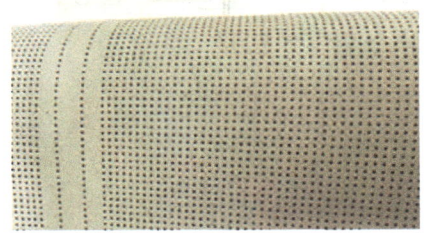

<롤 타입의 버섯 가죽 원단>   <버섯 가죽 자동차 시트 적용>

# 버섯 수확 후 배지 재활용 연구 동향

(연구동향: 2023.11. 월간리포트156호. 국립원예특작과학원)

○ 연구기관
  - 중국, China National Engineering Research Centre of Juncao Technology
  - 일본, Takatsuki Shiitake Mushroom Center
  - 캐나다, University of Guelph
  - 국립원예특작과학원, 경기도원, 한경대 등

○ 연구내용
  - 수확 후 배지는 연간 약 80만톤('20) 발생하며, 배지 초기 영양분의 65~85%를 함유하고 있어 활용 가치가 높은 자원이나 이 중 16.9%만이 유상으로 판매되고 대부분 무상판매 또는 퇴비로 처리함
  - 수확 후 배지에 남아있는 버섯 균사체는 다량의 단백질로 구성되어 있어 반추위 미생물의 단백질 공급원으로 이용할 수 있으며 수확 후 배지 배합사료 한우 급여 시 도체중 5.5% 증가 및 근내지방도(No.) 0.4 정도 향상됨
  - 퇴비(부숙 유기질비료)는 유기질비료 대비 저렴하고 토양 물리성 개선 및 권장량의 제한 사항이 없이 사용할 수 있는 장점이 있으며 발효 수확 후 배지를 첨가한 원예용 상토에서 관행 대비 오이 과중 22% 증수, 토마토 육묘 시 대등한 것을 확인함
  - 일본 버섯 대기업 호쿠토(Hokto)는 「순환경제 생산모델」을 구축하여 미에현 버섯센터에서 나온 수확 후 배지를 바이오매스 마쓰자카 발전소에서 연료로 활용하고 있고 이는 $CO_2$ 배출량이 연간 5700톤 감소할 것으로 추정함

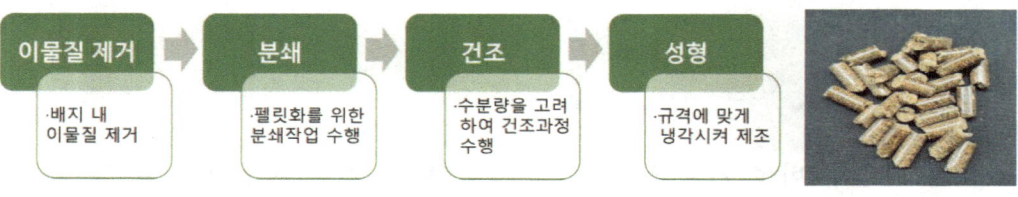

< 버섯 수확 후 배지 펠릿화 과정 >   <버섯 배지 펠릿>

○ 국내 기술수준과 전망
- 국립원예특작과학원에서는 폐기물로 분류되는 수확 후 배지의 재활용을 촉진하고 배출자/처리자의 부담 경감을 위하여 규제 개선에 노력 중임
- 국내 수확 후 배지 재활용을 위한 연구는 대부분 사료 개발 중심이며, 자원의 선순환 및 고부가가치 창출을 위하여 수확 후 배지에 대한 다양한 관점의 연구가 필요함
- 수확 후 배지를 펠릿화하면 부피가 작고 수분함량이 낮아 저장과 운송이 쉽지만, 재활용이 활성화되기 위해서는 전처리 시설(건조, 파쇄, 포장 등)이 선제적으로 갖춰져야 할 것으로 보임

☐ 양송이 버섯 완성형 배지 연구동향

(연구동향: 2024.11. 월간리포트168호. 국립원예특작과학원)

○ 연구기관
- 스페인, University of la Rioja
- 브라질, Federal University of Agriculture/UFLA
- 국립원예특작과학원, 부여군농업기술센터 등

○ 연구내용
- 양송이(*Agaricus bisporus*)는 전 세계에서 가장 많이 재배되고 소비되는 식용버섯 중 하나이며, 완성형배지는 톱밥이나 짚을 기반으로 한 배지에 종균을 접종하여 버섯 발생을 위한 모든 조건을 갖춘 배지임
- 양송이 완성형배지 수입량은 5,674톤('22), 6,230톤('23)으로 수요가 증가하는 추세이지만, 국내 완성형배지 생산은 '동부여농협 양송이 배지센터' 1곳에서 전국의 약 10.7%를 공급함
- 배지 재료로 보통 밀짚, 볏짚, 계분을 사용하는데 기존 재료의 물리·화학적 변화(C/N율, 길이 등)가 있고 지속적으로 가격이 상승함

- 폐면, 마분, 바나나 부산물 등을 이용해 재배한 경우도 있음
- 복토 재료로는 식양토, 피트모스 등을 많이 사용하는데, 자원의 한계로 고갈 위험성이 대두되어 현재까지 수확 후 배지, 코코넛 껍질 등으로 복토를 대체한 경우가 있으나 완전한 대체제에 관한 연구가 필요함

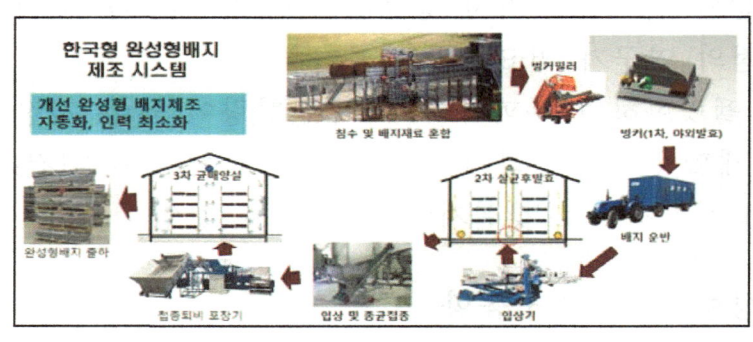

< 양송이 완성형배지 제조 과정 >

<양송이 블럭배지>

○ 국내 기술 수준과 전망
- 양송이 농가의 완성형배지에 대한 수요가 증가하고 있으나, 공급 기반이 취약하므로 배지 원료의 안정적인 확보와 배지 생산 기술 개발이 필요함
- 한국형 완성형배지 안정공급 시스템 구축을 위해서는 '종균-배양-포장-재배' 생산 단계별로 다양한 관점의 연구가 필요함
- 버섯과에서는 완성형배지 전용 배지 원료 개발 및 발효기술, 균사 배양 안정성 향상을 위한 필름 적용 방법에 대한 연구 등을 진행 중임
- 양송이 '새한' 품종을 멀칭필름 종류별로 배양 및 재배한 결과, 균사 배양 단계에서는 차이가 크게 두드러지지는 않았으나 관행 필름 0.06mm보다 투명 저밀도 폴리에틸렌 무공 필름(LDPE) 0.03mm에서의 수량이 약 63%(0.8kg→1.3) 정도 높았음

# Ⅴ. 주요 원예 · 특용작물 경영정보

# 1. 포 도

□ **수급 동향** (자료: 한국농촌경제연구원, 농업전망 2025)
  ○ 생산동향
   - 포도 재배면적은 농가 고령화, 도시개발, FTA 폐업지원사업 등으로 포도 농가 수가 빠르게 줄어들면서 2010년 1만 7,572ha에서 2019년 1만 2,676ha까지 감소하였음
   - 2020년 이후 포도 재배면적은 '샤인머스캣' 면적이 급격하게 늘어나면서 2023년 1만 4,706ha까지 회복되었음
   - 포도 생산량은 재배면적이 줄어들면서 2019년까지 감소하였으나, '샤인머스캣' 생산량이 늘어나면서 최근 4년간 증가세를 보였음

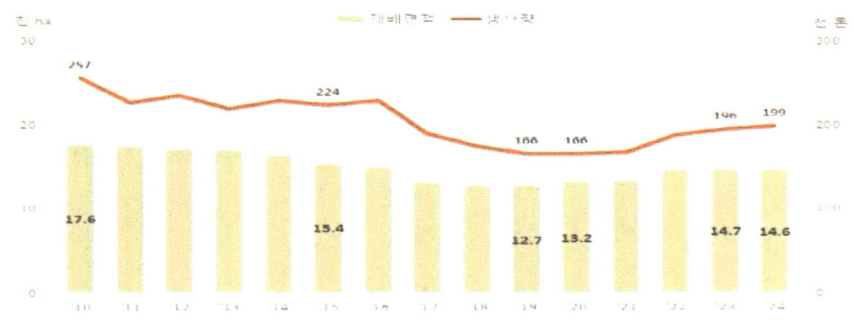

〈포도 재배면적과 생산량 추이〉
자료: 통계청, 「농작물생산조사」, 농업관측센터 추정치

   - 2024년 포도 재배면적은 전년(2023년)과 비슷한 1만 4,649ha이었음
   · 유목면적은 신규 식재가 줄어 전년 대비 29.0% 감소한 1,852ha이며, 성목면적은 전년 대비 5.8% 증가한 1만 2,797ha이었음
   - 2024년 포도 생산량은 전년 대비 1.6% 증가한 19만 9천 톤으로 추정됨
   · 여름철 지속된 고온으로 과비대가 부진하였으나, 성목면적이 증가하였고 봄철 저온 피해와 여름철 장마 피해가 발생하였던 전년보다 작황이 양호하여 단수가 증가한 것으로 추정됨

<포도 재배면적과 단수 동향>

(단위: 천 ha, kg/10a, 천 톤)

| 구분 | 2010년 | 2015년 | 2019년 | 2020년 | 2021년 | 2022년 | 2023년 | 2024년 |
|---|---|---|---|---|---|---|---|---|
| 재배면적 | 17.6 | 15.4 | 12.7 | 13.2 | 13.3 | 14.7 | 14.7 | 14.6 |
| 성목면적 | 14.9 | 13.4 | 10.6 | 10.0 | 10.1 | 11.1 | 12.1 | 12.8 |
| 유목면적 | 2.7 | 2.0 | 2.1 | 3.2 | 3.3 | 3.5 | 2.6 | 1.9 |
| 성목단수 | 1732 | 1671 | 1568 | 1661 | 1673 | 1763 | 1535 | 1683 |
| 생산량 | 257 | 224 | 166 | 166 | 168 | 189 | 196 | 199 |

주: 2024년 생산량과 성목단수는 농업관측센터 추정치
자료: 통계청, 「농작물생산조사」, 농업관측센터

- 2024년 시설포도 재배 비중은 전년 대비 2.5%p 상승한 26.6%임
· 이는 노지포도 출하기 가격 하락이 지속되면서 출하 시기를 분산하기 위해 시설 작형으로의 전환이 꾸준히 이루어졌기 때문으로 추정됨

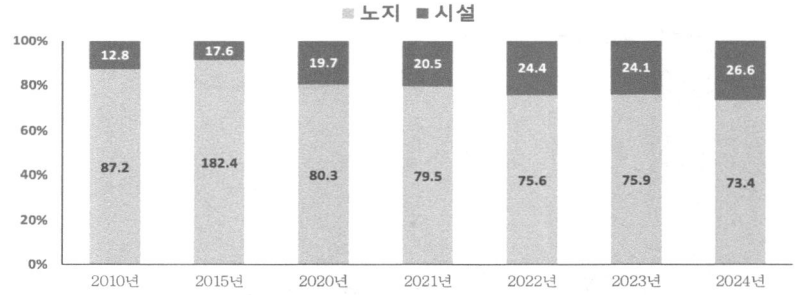

<포도 작형별 재배면적 비중 변화>

자료: 통계청, 「농업면적조사」

- 지역별 포도 재배 비중 변화를 살펴보면, 최근 들어 경북지역의 지역 집중도가 높아진 것을 확인할 수 있음
- '샤인머스캣'이 본격적으로 도입되기 시작한 2019년 이후 대부분 지역에서 포도 재배면적이 증가하였음
· 최근 들어 제주지역 포도 재배면적도 꾸준히 증가하고 있음
· 반면, 2024년 강원·경기와 전북지역 포도 재배면적은 2020년 대비 감소하였음

- 강원·경기지역은 도시화로 재배면적이 꾸준히 감소하고, 과거 주력 품종이었던 캠벨얼리 재배 비중이 높은 전북지역은 고령화로 재배면적이 감소하는 추세임

<포도 지역별 재배면적>

(단위: ha, %)

| 구분 | 강원·경기 | 충청 | 경북 | 경남 | 전북 | 전남 | 제주 |
|---|---|---|---|---|---|---|---|
| 2010 | 3,185 (18.1) | 4,244 (24.2) | 8,561 (48.7) | 375 (2.1) | 785 (4.5) | 422 (2.4) | 0 (0.0) |
| 2015 | 2,342 (15.2) | 3,474 (22.6) | 7,877 (51.2) | 475 (3.1) | 931 (6.0) | 298 (1.9) | 0 (0.0) |
| 2020 | 2,037 (15.5) | 2,174 (16.5) | 7,301 (55.4) | 367 (2.8) | 1,017 (7.7) | 288 (2.2) | 1 (0.0) |
| 2024 | 1,711 (11.7) | 2,951 (20.1) | 8,340 (56.9) | 442 (3.0) | 833 (5.7) | 310 (2.1) | 59 (0.4) |

주: ( )값은 비중임
자료: 통계청, 「농업면적조사」

- 2015년 캠벨얼리 재배 비중은 약 70%를 차지하였으나, '샤인머스캣'이 도입된 이후 재배 비중이 감소하면서 단일 품종 재배 집중화 현상이 완화되었음
  · '샤인머스캣' 가격이 높게 형성되면서 품종 및 품목 전환이 빠르게 이루어졌고, '샤인머스캣' 재배 비중은 2017년 이후 연평균 42.5%로 급격하게 증가하였음
- 2024년 품종별 재배면적 비중은 '샤인머스캣' 43.1%, '캠벨얼리' 29.3%, '거봉류' 17.5%, MBA 6.3%, 기타 품종 3.8%로 추정됨

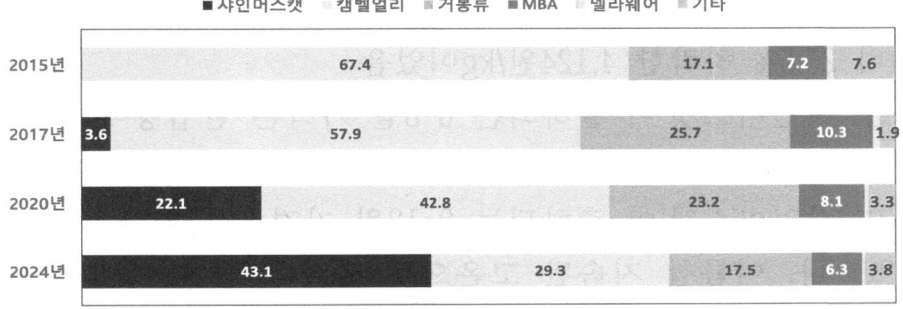

<포도 품종별 재배면적 비중 추이>
자료: 농업관측센터 추정치

○ 출하 및 가격 동향
 - 품종별 포도 가격은 '샤인머스캣'이 등장하면서 흐름이 바뀌었음
 · 캠벨얼리를 비롯한 거봉·MBA·델라웨어 모두 2015년 이후 '샤인머스캣'으로 품종 전환이 빠르게 이루어지면서 반입량은 감소하고 가격은 상승하였으나, '샤인머스캣'은 반입량이 급격하게 증가하면서 가격은 꾸준히 하락하고 있음
 - 2024년 포도 도매가격은 전반적으로 품질이 좋지 않아 전년(2023년) 대비 하락하였음
 - '델라웨어'(5~7월) 도매가격은 반입량 감소(28.5%)에도 전년 대비 4.2% 하락한 9,667원/kg이었음
 · 이는 6~7월 소비자 선호도가 높은 '거봉' 출하량이 증가하였기 때문임
 - '거봉'(5~11월) 도매가격은 고온으로 생육이 지연되어 8월 이후 생산량이 감소하는 등 반입량이 5.4% 감소하였으나, 착색 부진 등 품질이 좋지 않아 전년 대비 18.1% 하락한 5,589원/kg이었음
 - '캠벨얼리'(6~11월) 도매가격은 개화기 저온 피해와 장마 피해가 심했던 전년 대비 작황 양호로 반입량이 1.8% 증가하여 전년 대비 24.3% 하락한 3,856원/kg이었음
 - 'MBA'(9~11월) 도매가격은 반입량이 12.1% 증가하여 전년 대비 15.9% 하락한 2,853원/kg이었음
 - '샤인머스캣'(6~12월) 도매가격은 반입량이 3.7% 증가하여 전년 대비 25.5% 하락한 4,124원/kg이었음
 · 시설 '샤인머스캣'이 출하되는 6~8월 가격은 반입량이 41.2% 증가하여 전년 동기 대비 28.4% 하락하였음
 · 노지 '샤인머스캣'이 출하되는 9~12월 가격은 반입량이 2.4% 감소하였으나, 여름철 지속된 고온으로 품질이 좋지 않아 전년 대비 28.2% 하락하였음

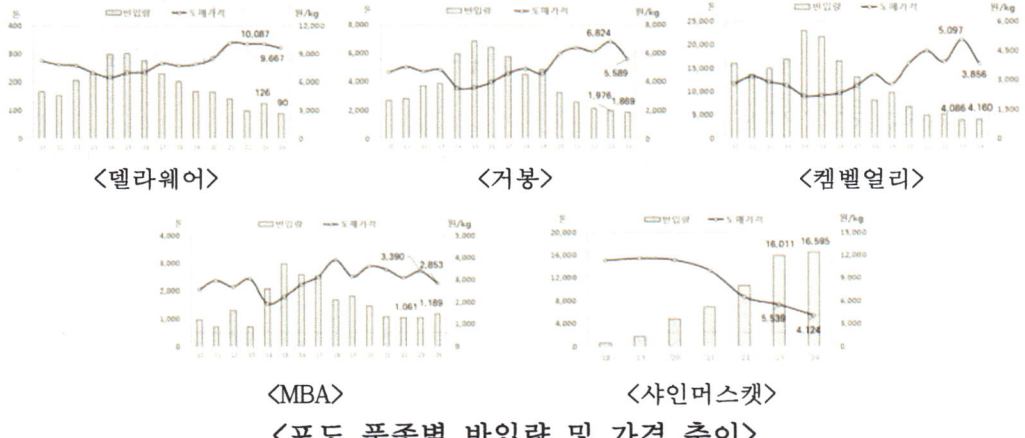

<포도 품종별 반입량 및 가격 추이>

주 1) 가격은 평균단가(거래금액/거래물량)이며, 월별 생산자물가지수(2020=100)로 실질화
   2) 캠벨얼리(6~11월), 거봉(5~11월), 델라웨어(5~7월), MBA(9~11월), 샤인머스캣(6~12월) 기준
자료: 서울특별시농수산식품공사(가락시장), 한국은행, 「생산자물가조사」

○ 수출입 동향
- 신선 포도 수출량의 대부분은 '샤인머스캣'이며, 2015년 이후 '샤인머스캣' 생산량이 늘면서 수출도 꾸준히 증가하고 있음
- 2023년 신선 포도 수출량은 전년 대비 58.7% 증가한 3,581톤이었음
· 수출단가는 2021년까지 상승하였으나, 이후 수출량 증가로 하락세를 보이고 있음
- 2024년 5~12월 신선포도 수출량은 전년 동기(2,833톤) 대비 42.9% 증가한 4,048톤이었음
· 평균 수출단가는 전년 동기(13.0달러) 대비 11.8% 하락한 kg당 11.5 달러였음

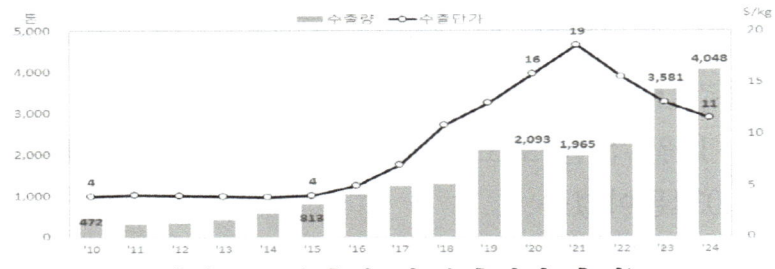

<신선포도 수출량 및 수출단가 추이>

주: 수출량은 5월~익년 4월까지이며, 2024년은 5~12월 합계
자료: 통계청, 「농업면적조사」

- 신선 포도는 대만, 미국, 베트남, 홍콩으로 약 60%가 수출되고 있음
· 최근 들어 홍콩과 베트남 비중은 감소하는 반면, 미국과 대만 비중은 증가하고 있음
- 2024년(5~12월) 기준 국가별 수출 비중은 대만 40.3%, 미국 14.8%, 베트남 10.9%, 홍콩 10.7%, 기타 23.3%이었음

<신선포도 국가별 수출량>

(단위: 톤)

| 구분 | 2019년산 | 2020년산 | 2021년산 | 2022년산 | 2023년산 | 2024년산 | 평년 |
|---|---|---|---|---|---|---|---|
| 전체 | 2,102 | 2,093 | 1,965 | 2,257 | 3,581 | 4,048 | 2,151 |
| 홍콩 | 432 | 462 | 502 | 582 | 428 | 435 | 465 |
| 대만 | 5 | 4 | 30 | 230 | 895 | 1,629 | 88 |
| 베트남 | 466 | 495 | 475 | 551 | 446 | 442 | 479 |
| 미국 | 280 | 192 | 171 | 252 | 391 | 598 | 241 |
| 중국 | 412 | 432 | 344 | 125 | 82 | 64 | 294 |

주 1) 수출량은 5월~익년 4월까지이며, 2024년산은 5~12월 합계
2) 평년은 2019~2023년산 자료 중 최대, 최소를 제외한 평균
자료: 관세청

- 신선 포도 수입량은 국내 포도 생산량이 늘면서 2018년 이후로 꾸준히 감소하고 있음
· 이는 '샤인머스캣' 생산량이 급증하면서 수입 청포도 소비가 감소하였기 때문임
- 포도는 주로 칠레에서 수입되었으나, FTA 체결국이 다양화되면서 페루, 미국, 호주 등의 수입 비중이 증가하고 있음
· 평년 기준 국가별 수입 비중은 칠레 44.7%, 미국 25.4%, 페루 18.1%, 호주 12.2%임
- 2024년 5~12월 신선 포도 수입량은 전년 동기(7,444톤) 대비 5.5% 감소한 7,034톤이었음
· 평균 수입단가는 전년 동기(4.3달러) 대비 9.2% 하락한 kg당 3.9달러였음

<신선 포도 수입량>

(단위: 톤)

| 구분 | 2019년산 | 2020년산 | 2021년산 | 2022년산 | 2023년산 | 2024년산 | 평년 |
|---|---|---|---|---|---|---|---|
| 전체 | 61,380 | 54,986 | 41,490 | 40,434 | 30,178 | 7,034 | 44,753 |
| 칠레 | 29,198 | 24,655 | 12,724 | 22,586 | 9,850 | 1,217 | 19,988 |
| 미국 | 16,045 | 17,348 | 11,985 | 6,056 | 5,275 | 4,251 | 11,362 |
| 페루 | 9,317 | 6,865 | 13,787 | 8,135 | 6,006 | 1,088 | 8,105 |
| 호주 | 6,818 | 5,968 | 2,979 | 3,657 | 9,010 | 447 | 5,481 |

주 1) 수입량은 5월~익년 4월까지이며, 2024년산은 5~12월 합계
    2) 평년은 2019~2023년산 자료 중 최대, 최소를 제외한 평균
자료: 관세청

■ **수급 전망** (자료: 한국농촌경제연구원, 농업전망 2025)

○ 2025년 생산 전망

- 2025년 포도 재배면적은 전년(2024년) 대비 0.5% 감소한 1만 4,575ha로 전망됨
· 유목면적은 신규 식재가 줄어 전년 대비 8.7% 감소한 1,690ha, 성목면적은 '샤인머스캣' 성목면적이 늘어 전년 대비 0.7% 증가한 12,885ha로 전망됨

<2025년 포도 재배면적 전망>

(단위: ha, %)

| 구분 | 유목면적 | 성목면적 | 전체 |
|---|---|---|---|
| 2025 | 1,690 | 12,885 | 14,575 |
| 2024 | 1,852 | 12,796 | 14,649 |
| 증감률 | -8.7 | 0.7 | -0.5 |

자료: 통계청, 「농업면적조사」, 농업관측센터 표본농가 및 모니터 조사 결과

- 작형별로 살펴보면, 시설포도 재배면적은 전년 대비 2.0% 증가할 것으로 전망되나, 노지포도 재배면적은 전년 대비 1.4% 감소할 것으로 전망됨
· 노지포도 성출하기 가격 하락으로 노지면적은 감소하는 반면, 시설면적은 증가할 것으로 예측됨

- 소득 증대 기대와 여름철 고온 피해 증가로 출하를 앞당길 수 있는 시설재배 의향이 점차 늘어나고 있음

&lt;2025년 포도 작형별 재배면적 전망&gt;

(단위: ha, %)

| 구분 | 시설 | 노지 | 전체 |
|---|---|---|---|
| 2025 | 3,969 | 10,606 | 14,575 |
| 2024 | 3,891 | 10,758 | 14,649 |
| 증감률 | 2.0 | -1.4 | -0.5 |

자료: 통계청, 「농업면적조사」, 농업관측센터 표본농가 및 모니터 조사 결과

- 지역별로는 강원·경기와 호남지역 재배면적이 전년 대비 각각 1.8%, 0.7% 감소하고, 그 외 지역도 소폭 감소할 것으로 전망됨
- 강원·경기지역 재배면적은 '샤인머스캣' 가격 하락으로 타작물(대추, 사과, 벼 등) 대체 의향 높아 전년 대비 감소할 것으로 예측됨
- 호남지역은 고령화로 경작이 어려워 폐원하거나, 밭작물(콩, 깨 등)로 작목을 전환하고, 영남·충청지역은 과원이 도시개발구역으로 수용되거나, 고령화로 휴경, 과원 매매 등으로 재배면적이 감소할 것으로 예측됨

&lt;2025년 포도 지역별 재배면적 전망&gt;

(단위: ha, %)

| 구분 | 강원·경기 | 영남 | 충청 | 호남 | 전체 |
|---|---|---|---|---|---|
| 2025 | 1,680 | 8,757 | 2,944 | 1,194 | 14,575 |
| 2024 | 1,713 | 8,782 | 2,951 | 1,202 | 14,649 |
| 증감률 | -1.8 | -0.3 | -0.2 | -0.7 | -0.5 |

주: 제주는 호남에 포함
자료: 통계청, 농업관측센터 표본농가 및 모니터 조사 결과

- 2025년 '샤인머스캣' 재배면적은 전년 대비 3.9% 감소할 것으로 전망되며 '샤인머스캣' 재배면적은 출하기 가격 하락으로 타품종, 타품목으로 전환되면서 지속적으로 감소할 것으로 예측됨

- '캠벨얼리' 재배면적은 고령화로 폐원, 저온 피해, 착색 등 관리의 어려움으로 품종 전환이 이루어져 전년 대비 1.4% 감소할 것으로 전망됨
- '거봉'과 '델라웨어' 재배면적은 '샤인머스캣'보다 출하기 가격이 높고, 소비자 선호도 높아 전년 대비 각각 4.4%, 5.4% 증가할 것으로 전망됨
- 기타 품종 재배면적은 적색계·흑색계 신품종 재배 의향이 높아 전년 대비 26.6% 증가할 것으로 전망됨
  · 2025년 재배 의향이 있는 품종은 적색계('레드클라렛', '홍주시들리스', '베니바라도', '랑만홍옌', '로얄바인', '미화회', '글로리스타'), 흑색계('BK시들리스', '자옥', '코코볼', '슈트벤'), 청녹색계('알렉산드리아') 등으로 조사되었음

&lt;2025년 포도 품종별 재배면적 증감률 전망 (전년 대비)&gt;

(단위: %)

| 샤인머스캣 | 캠벨얼리 | 거봉류 | MBA | 델라웨어 | 기타 |
|---|---|---|---|---|---|
| -3.9 | -1.4 | 4.4 | -2.1 | 5.4 | 26.6 |

자료: 농업관측센터 표본농가 및 모니터 조사 결과

○ 중장기 전망
- 포도 재배면적은 2034년 1만 3,400ha로 2025년 이후 연평균 1.0% 감소할 것으로 전망됨
  · 성목면적은 '샤인머스캣' 성목화로 2026년까지 증가하겠으나, 이후 감소세로 전환될 것으로 예측됨
  · 유목면적은 '샤인머스캣' 공급량 증가로 가격이 하락하면서 2023년부터 감소세로 전환되었으며, 이후에도 감소 추세가 이어질 전망임
- 포도 생산량은 성목면적이 늘어 2026년까지 증가한 이후 감소세로 전환되어 2029년 이후 19만 8천 톤 이하로 줄어들 것으로 전망됨
  · 다만, 잦은 이상 기상 현상으로 생산량 변동 가능성이 증가할 것으로 예측됨

- 포도 수출량은 '샤인머스캣' 수출량이 늘면서 2034년 약 6천 톤까지 증가할 것으로 전망됨
  · '샤인머스캣'을 생산하는 전국의 지자체와 농협 등의 노력으로 수출량은 꾸준히 증가할 것으로 예상됨
  · 다만, 생산량이 감소세로 전환되면서 수출량 증가폭은 점차 줄어들 것으로 전망됨
- 반면, 포도 수입량은 국내 생산량 변화에 따라 2027년 이후로 점차 증가하여 2034년에는 2만 8천 톤이 예상됨
- 1인당 연간 소비량은 국내 생산량이 감소하나, 수입량이 늘면서 4.3kg 내외를 유지할 것으로 전망됨

<포도 수급 전망>

(단위: 천 ha, kg/10a, 천 톤)

| 구분 | 단위 | 2024 | 전망 2025 | 전망 2029 | 전망 2034 |
|---|---|---|---|---|---|
| 재배면적 | 천 ha | 14.6 | 14.6 | 13.9 | 13.4 |
| 성목면적 | 천 ha | 12.8 | 12.9 | 12.3 | 11.9 |
| 유목면적 | 천 ha | 1.9 | 1.7 | 1.5 | 1.5 |
| 생산량 | 천 톤 | 199 | 202 | 198 | 197 |
| 수출량 | 천 톤 | 4.8 | 5.4 | 6.0 | 6.0 |
| 수입량 | 천 톤 | 25.6 | 23.9 | 27.2 | 27.8 |
| 1인당 소비량 | kg | 4.2 | 4.3 | 4.3 | 4.3 |

주 1) 수출 및 수입량은 5월~익년 4월 기준
2) 2024년 생산량은 농업관측센터 추정치
자료: 통계청, 「농작물생산조사」, 한국농촌경제연구원 KASMO(Korea Agricultural Simulation Model)

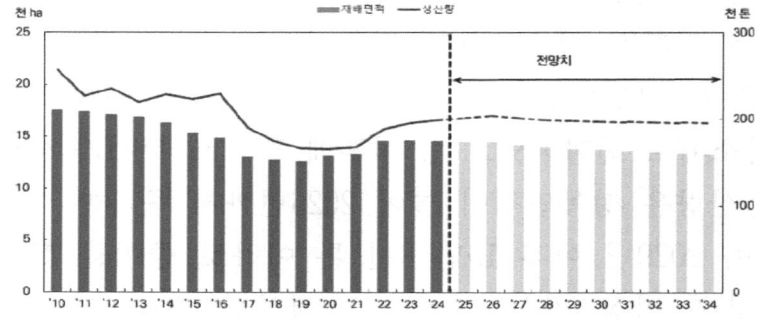

<포도 중장기 재배면적과 생산량 전망>
자료: 통계청, 「농작물생산조사」, 한국농촌경제연구원 KASMO(Korea Agricultural Simulation Model)

■ 노지포도 10a당 수익성 (자료: 2023년 농촌진흥청 농산물 소득 자료집)
  ○ 2023년도 노지포도 10a당 총수입은 10,642,010원으로 전년 대비 4.0% 감소
   - 수량은 0.9% 증가했으나 가격이 4.9% 하락하여 총수입이 감소함
  ○ 10a당 경영비는 4,213,986원으로 전년 대비 0.6% 증가
  ○ 10a당 소득은 6,428,025원으로 전년 대비 6.9% 감소
   - 총수입이 감소하고 경영비가 증가하여 소득이 감소함

<연도별 10a당 수익성 비교>

| 연 도 | 2019 (A) | 2020 (B) | 2021 (C) | 2022 (D) | 2023 (E) | 대비(%) E/A | E/B | E/C | E/D |
|---|---|---|---|---|---|---|---|---|---|
| 총수입(원) | 7,171,229 | 8,917,039 | 10,472,660 | 11,088,764 | 10,642,010 | 148 | 119 | 102 | 96 |
| 수량(kg/10a) | 1,545 | 1,407 | 1,415 | 1,531 | 1,545 | - | 110 | 109 | 101 |
| 단가(원/kg) | 4,579 | 6,308 | 7,394 | 7,241 | 6,887 | 150 | 109 | 93 | 95 |
| 경영비(원) | 2,525,492 | 2,933,836 | 3,147,760 | 4,187,156 | 4,213,986 | 167 | 144 | 134 | 101 |
| 생산비(원) | 6,703,079 | 7,576,714 | 7,625,954 | 9,213,700 | 9,693,751 | 145 | 128 | 127 | 105 |
| 소 득(원) | 4,645,737 | 5,983,202 | 7,324,900 | 6,901,607 | 6,428,025 | 138 | 107 | 88 | 93 |
| 순수익(원) | 468,150 | 1,340,325 | 2,846,706 | 1,875,064 | 948,259 | 202 | 71 | 33 | 51 |

  ○ 2023년 노지포도 10a당 생산비 중 투입요소 비중은 노동비(57.4%), 감가상각비(11.2%), 기타재료비(9.8%), 용역비(7.2%) 순이며 상위 4개 요소가 생산비의 85.6%를 차지함

<10a당 생산 요소별 생산비>

(단위: 원, %)

| 연도 | 조성비 | 비료비 | 농약비 | 수도광열비 | 기타재료비 | 감가상각비 | 임차료 | 노동비 | 용역비 | 기타 | 계 |
|---|---|---|---|---|---|---|---|---|---|---|---|
| 2023 (A) | 376,088 (3.9) | 434,728 (4.5) | 274,444 (2.8) | 138,139 (1.4) | 944,755 (9.8) | 1,090,170 (11.2) | 90,267 (0.9) | 5,562,838 (57.4) | 692,809 (7.2) | 89,513 (0.9) | 9,693,751 (100.0) |
| 2022 (B) | 373,128 (4.1) | 458,166 (5.0) | 241,941 (2.6) | 148,573 (1.6) | 830,543 (9.0) | 1,118,494 (12.1) | 88,155 (1.0) | 5,135,622 (55.7) | 755,395 (8.2) | 63,683 (0.7) | 9,213,700 (100.0) |
| 증감 (A-B,%p) | -0.2 | -0.5 | 0.2 | -0.2 | 0.8 | -0.9 | -0.1 | 1.7 | -1.0 | 0.2 | - |

■ 시설포도 10a당 수익성 (자료: 2023년 농촌진흥청 농산물 소득 자료집)
○ 2023년도 시설포도 10a당 총수입은 15,427,657원으로 전년 대비 14.0% 감소
 - 수량은 4.6% 증가했으나 가격이 17.9% 하락하여 총수입이 감소함
○ 10a당 경영비는 6,323,322원으로 전년 대비 11.6% 감소
○ 10a당 소득은 9,104,335원으로 전년 대비 15.6% 감소
 - 총수입 감소액이 경영비 감소액보다 많아 소득이 감소함

<연도별 10a당 수익성 비교>

| 연 도 | 2019 (A) | 2020 (B) | 2021 (C) | 2022 (D) | 2023 (E) | 대비(%) E/A | E/B | E/C | E/D |
|---|---|---|---|---|---|---|---|---|---|
| 총수입(원) | 12,654,862 | 16,560,704 | 18,263,423 | 17,944,026 | 15,427,657 | 122 | 93 | 85 | 86 |
| 수량(kg/10a) | 1,516 | 1,649 | 1,563 | 1,560 | 1,632 | 108 | 99 | 104 | 105 |
| 단가(원/kg) | 8,347 | 10,044 | 11,684 | 11,504 | 9,450 | 113 | 94 | 81 | 82 |
| 경영비(원) | 5,045,532 | 6,201,932 | 6,742,747 | 7,153,483 | 6,323,322 | 125 | 102 | 94 | 88 |
| 생산비(원) | 9,798,354 | 12,152,997 | 12,464,872 | 12,756,742 | 11,833,961 | 121 | 97 | 95 | 93 |
| 소 득(원) | 7,609,330 | 10,358,772 | 11,520,676 | 10,790,284 | 9,104,335 | 120 | 88 | 79 | 84 |
| 순수익(원) | 2,856,508 | 4,407,707 | 5,798,551 | 5,187,284 | 3,593,696 | 126 | 82 | 62 | 69 |

○ 2023년 시설포도 10a당 생산비 중 투입요소 비중은 노동비(44.9%), 감가상각비(14.6%), 수도광열비(9.6%), 기타재료비(9.6%) 순이며 상위 4개 요소가 생산비의 78.7%를 차지함

<10a당 생산 요소별 생산비>

(단위: 원, %)

| 연도 | 조성비 | 비료비 | 농약비 | 수도광열비 | 기타재료비 | 감가상각비 | 임차료 | 노동비 | 용역비 | 기타 | 계 |
|---|---|---|---|---|---|---|---|---|---|---|---|
| 2023 (A) | 581,948 (4.9) | 584,223 (4.9) | 241,188 (2.0) | 1,134,930 (9.6) | 1,130,904 (9.6) | 1,729,950 (14.6) | 101,851 (0.9) | 5,314,977 (44.9) | 960,426 (8.1) | 53,564 (0.5) | 11,833,961 (100) |
| 2022 (B) | 668,725 (5.2) | 678,212 (5.3) | 265,632 (2.1) | 1,176,132 (9.2) | 990,633 (7.8) | 2,226,419 (17.4) | 110,965 (0.9) | 5,469,350 (42.9) | 1,005,569 (7.9) | 165,105 (1.3) | 12,756,742 (100) |
| 증감 (A-B,%p) | -0.3 | -0.4 | -0.1 | 0.4 | 1.8 | -2.8 | - | 2.0 | 0.2 | -0.8 | - |

## 2. 주요작물 가격동향

기준일 2025. 8. 18.

### ❑ 가격 변동폭이 큰 품목 (전주·전월·전년 대비)

| 가격 상승 품목 | 가격 하락 품목 |
|---|---|
| 파프리카, 사과, 장미 | 느타리, 백합 |

### ❑ 농산물 도매가격 동향 (증감률 110 이상, 90 이하)

| | 품목 | 기준단위 | 당일 | 전주 | 증감률 | 전월 | 증감률 | 전년 | 증감률 | 평년 | 비고 |
|---|---|---|---|---|---|---|---|---|---|---|---|
| 채소 | 배추 | 1포기 | 7,062 | 6,644 | 106 | 4,642 | 152 | 6,463 | 109 | 6,365 | 전체 |
| | 무 | 1개 | 2,588 | 2,626 | 99 | 2,439 | 106 | 3,156 | 82 | 2,808 | |
| | 양파 | 1kg | 2,223 | 2,033 | 109 | 1,800 | 124 | 1,951 | 114 | 2,041 | |
| | 파 | 1kg | 3,098 | 3,312 | 94 | 2,352 | 132 | 2,980 | 104 | 3,332 | 대파 |
| | 시금치 | 1kg | 24,850 | 23,890 | 104 | 16,660 | 149 | 24,770 | 100 | 23,880 | |
| | 상추 | 1kg | 15,320 | 15,250 | 100 | 12,430 | 123 | 21,130 | 73 | 19,640 | 적 |
| | 깻잎 | 1kg | 27,200 | 31,630 | 86 | 26,630 | 102 | 28,430 | 96 | 26,700 | |
| | 호박 | 1개 | 1,244 | 1,300 | 96 | 1,100 | 113 | 1,883 | 66 | 1,874 | 조선애 |
| | 오이 | 10개 | 14,720 | 12,122 | 121 | 11,930 | 123 | 14,433 | 102 | 12,865 | 가시계통 |
| | 풋고추 | 1kg | 16,370 | 18,550 | 88 | 19,960 | 82 | 17,920 | 91 | 15,220 | |
| | 청양고추 | 1kg | 13,140 | 14,750 | 89 | 15,980 | 82 | 13,900 | 95 | 11,510 | |
| | 건고추 | 1kg | 29,988 | 30,100 | 100 | 29,245 | 103 | 31,197 | 96 | 27,408 | 화건 |
| | 피망 | 1kg | 9,660 | 11,400 | 85 | 12,830 | 75 | 9,250 | 104 | 9,790 | |
| | 파프리카 | 1kg | 11,200 | 8,265 | 136 | 6,510 | 172 | 8,850 | 127 | 8,130 | |
| | 토마토 | 1kg | 5,571 | 5,724 | 97 | 4,669 | 119 | 5,014 | 111 | 5,309 | |
| | 방울토마토 | 1kg | 7,915 | 8,009 | 99 | 6,895 | 115 | 8,723 | 91 | 8,493 | 대추형 |
| | 멜론 | 1개 | 10,067 | 10,791 | 93 | 9,981 | 101 | 9,615 | 105 | 9,566 | |
| | 수박 | 1개 | 29,910 | 31,839 | 94 | 30,196 | 99 | 31,402 | 95 | 27,249 | |

| 품목 | | 기준단위 | 당일 | 전주 | 증감률 | 전월 | 증감률 | 전년 | 증감률 | 평년 | 비고 |
|---|---|---|---|---|---|---|---|---|---|---|---|
| 과수 | 바나나 | 1kg | 2,920 | 2,880 | 101 | 3,060 | 95 | 2,850 | 102 | 2,980 | |
| | 사과 | 10개 | 35,407 | 32,129 | 110 | 28,253 | 125 | 29,816 | 119 | 29,789 | 후지 |
| | 배 | 10개 | 35,129 | 35,631 | 99 | 39,222 | 90 | 70,986 | 49 | 43,166 | 신고 |
| 특작 | 버섯 느타리 | 2kg | 16,600 | 15,240 | 90 | 16,920 | 76 | 19,980 | 72 | 21,280 | |
| | 버섯 새송이 | 2kg | 10,380 | 10,900 | 95 | 9,960 | 104 | 11,440 | 91 | 11,220 | |
| | 버섯 팽이 | 1.5kg | 5,330 | 5,500 | 97 | 5,270 | 101 | 5,540 | 96 | 5,350 | |
| | 버섯 표고 | 2kg | 24,674 | 20,869 | 118 | 23,904 | 103 | 15,656 | 158 | | 생 |
| | 버섯 양송이 | 2kg | 21,930 | 19,083 | 115 | 14,349 | 153 | 31,281 | 70 | | |
| | 수삼 | 10뿌리 | 31,000 | 31,000 | 100 | 31,000 | 100 | 33,000 | 94 | | |
| | 6년근직삼 | 15편 | 51,600 | 51,600 | 100 | 51,600 | 100 | 49,200 | 105 | | |
| 화훼 | 장미 | 1단 | 5,034 | 3,448 | 146 | 2,600 | 194 | 3,884 | 130 | | 비탈 |
| | 백합 | 1단 | 6,545 | 11,204 | 58 | 13,558 | 48 | 13,156 | 50 | | 시베리아 |
| | 호접란 | 1단 | 5,259 | 6,029 | 87 | 5,849 | 90 | 5,269 | 100 | | 만천홍1.5대 |

* 자료: aTKamis, aT화훼공판장(장미, 백합, 호접란), 금산군청(수삼, 6년근직삼), 서울특별시농수산식품공사(표고, 양송이)
* 수삼, 6년근직삼: 당일 2025/8/12, 전주 2025/8/7, 전월 2025/7/12, 전년 2024/8/12 기준으로 함
* 호접란: 당일 2025/8/18, 전주 2025/8/11, 전월 2025/7/21, 전년 2024/8/19 기준으로 함

**편집인** : 기술지원과장 이남수

**편집기획** : 최상호, 김다인, 성진경, 김성규, 유군선, 박정운,
　　　　　　이동훈, 이승호, 김소희, 김다인, 신동윤, 나예림,
　　　　　　유홍규, 장상현, 지수정

**(연구결과 활용을 위한)**
**원예 · 특용작물 기술정보 (12)**

초판 인쇄　2025년 10월 22일
초판 발행　2025년 10월 25일

저　자　농촌진흥청, 국립원예특작과학원
발행인　김갑용

발행처　진한엠앤비
주소　서울시 서대문구 독립문로 14길 66 205호(냉천동 260)
전화 02) 364 - 8491(대) / 팩스 02) 319 - 3537
홈페이지주소 http://www.jinhanbook.co.kr
등록번호 제25100-2016-000019호 (등록일자 : 1993년 05월 25일)
ⓒ2025 jinhan M&B INC, Printed in Korea

ISBN 979-11-290-6184-3　(93520)　　　[정가 14,000원]

☞ 이 책에 담긴 내용의 무단 전재 및 복제 행위를 금합니다.
☞ 잘못 만들어진 책자는 구입처에서 교환해 드립니다.
☞ 본 도서는 [공공데이터 제공 및 이용 활성화에 관한 법률]을 근거로 출판되었습니다.